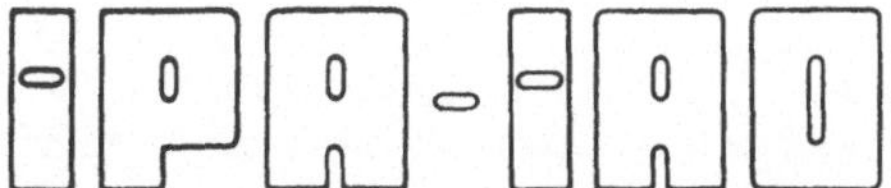

Forschung und Praxis

Band 172

Berichte aus dem
Fraunhofer-Institut für Produktionstechnik
und Automatisierung (IPA), Stuttgart,
Fraunhofer-Institut für Arbeitswirtschaft
und Organisation (IAO), Stuttgart,
Institut für Industrielle Fertigung und
Fabrikbetrieb der Universität Stuttgart und
Institut für Arbeitswissenschaft und
Technologiemanagement, Universität Stuttgart

Herausgeber: H. J. Warnecke und H.- J. Bullinger

Thomas Schmaus

Rationalisierungs-potential der montagegerechten Produktgestaltung bei der Montage mit Industrierobotern

Mit 55 Abbildungen

Springer-Verlag
Berlin Heidelberg New York
London Paris Tokyo
Hong Kong Barcelona
Budapest 1993

Dipl.-Ing. Thomas Schmaus

Fraunhofer-Institut für Produktionstechnik und Automatisierung (IPA), Stuttgart

Prof. Dr.-Ing. Dr. h. c. Dr.-Ing. E. h. H. J. Warnecke

o. Professor an der Universität Stuttgart
Fraunhofer-Institut für Produktionstechnik und Automatisierung (IPA), Stuttgart

Prof. Dr.-Ing. habil. Dr. h. c. H.-J. Bullinger

o. Professor an der Universität Stuttgart
Fraunhofer-Institut für Arbeitswirtschaft und Organisation (IAO), Stuttgart

D 93

ISBN-13: 978-3-540-56400-3 e-ISBN-13: 978-3-642-47862-8
DOI: 10.1007/ 978-3-642-47862-8

Gesamtherstellung: Copydruck GmbH, Heimsheim
62/3020-6543210

Geleitwort der Herausgeber

Futuristische Bilder werden heute entworfen:

- o Roboter bauen Roboter,
- o Breitbandinformationssysteme transferieren riesige Datenmengen in Sekunden um die ganze Welt.

Von der "menschenleeren Fabrik" wird da gesprochen und vom "papierlosen Büro". Wörtlich genommen muß man beides als Utopie bezeichnen, aber der Entwicklungstrend geht sicher zur "automatischen Fertigung" und zum "rechnerunterstützten Büro". Forschung bedarf der Perspektive, Forschung benötigt aber auch die Rückkopplung zur Praxis - insbesondere im Bereich der Produktionstechnik und der Arbeitswissenschaft.

Für eine Industriegesellschaft hat die Produktionstechnik eine Schlüsselstellung. Mechanisierung und Automatisierung haben es uns in den letzten Jahren erlaubt, die Produktivität unserer Wirtschaft ständig zu verbessern. In der Vergangenheit stand dabei die Leistungssteigerung einzelner Maschinen und Verfahren im Vordergrund. Heute wissen wir, daß wir das Zusammenspiel der verschiedenen Unternehmensbereiche stärker beachten müssen. In der Fertigung selbst konzipieren wir flexible Fertigungssysteme, die viele verkettete Einzelmaschinen beinhalten. Dort, wo es Produkt und Produktionsprogramm zulassen, denken wir intensiv über die Verknüpfung von Konstruktion, Arbeitsvorbereitung, Fertigung und Qualitätskontrolle nach. Rechnerunterstützte Informationssysteme helfen dabei und sollen zum CIM (Computer Integrated Manufacturing) führen und CAD (Computer Aided Design) und CAM (Computer Aided Manufacturing) vereinen. Auch die Büroarbeit wird neu durchdacht und mit Hilfe vernetzter Computersysteme teilweise automatisiert und mit den anderen Unternehmensfunktionen verbunden. Information ist zu einem Produktionsfaktor geworden, und die Art und Weise, wie man damit umgeht, wird mit über den Unternehmenserfolg entscheiden.

Der Erfolg in unseren Unternehmen hängt auch in der Zukunft entscheidend von den dort arbeitenden Menschen ab. Rationalisierung und Automatisierung müssen deshalb im Zusammenhang mit Fragen der Arbeitsgestaltung betrieben werden, unter Berücksichtigung der Bedürfnisse der Mitarbeiter und unter Beachtung der erforderlichen Qualifikationen. Investitionen in Maschinen und Anlagen müssen deshalb in der Produktion wie im Büro durch Investitionen in die Qualifikation der Mitarbeiter begleitet werden. Bereits im Planungsstadium müssen Technik, Organisation und Soziales integrativ betrachtet und mit gleichrangigen Gestaltungszielen belegt werden.

Von wissenschaftlicher Seite muß dieses Bemühen durch die Entwicklung von Methoden und Vorgehensweisen zur systematischen Analyse und Verbesserung des Systems Produktionsbetrieb einschließlich der erforderlichen Dienstleistungsfunktionen unterstützt werden. Die Ingenieure sind hier gefordert, in enger Zusammenarbeit mit anderen Disziplinen, z. B. der Informatik, der Wirtschaftswissenschaften und der Arbeitswissenschaft, Lösungen zu erarbeiten, die den veränderten Randbedingungen Rechnung tragen.

Beispielhaft sei hier an den großen Bereich der Informationsverarbeitung im Betrieb erinnert, der von der Angebotserstellung über Konstruktion und Arbeitsvorbereitung, bis hin zur Fertigungssteuerung und Qualitätskontrolle reicht. Beim Materialfluß geht es um die richtige Auswahl und den Einsatz von Fördermitteln sowie Anordnung und Ausstattung von Lagern. Große Aufmerksamkeit wird in nächster Zukunft auch der weiteren Automatisierung der Handhabung von Werkstücken und Werkzeugen sowie der Montage von Produkten geschenkt werden.

Von der Forschung muß in diesem Zusammenhang ein Beitrag zum Einsatz fortschrittlicher intelligenter Computersysteme erfolgen. Planungsprozesse müssen durch Softwaresysteme unterstützt und Arbeitsbedingungen wissenschaftlich analysiert und neu gestaltet werden.

Die von den Herausgebern geleiteten Institute, das

- Institut für Industrielle Fertigung und Fabrikbetrieb der Universität Stuttgart (IFF),

- Fraunhofer-Institut für Produktionstechnik und Automatisierung (IPA),

- Fraunhofer-Institut für Arbeitswirtschaft und Organisation (IAO)

arbeiten in grundlegender und angewandter Forschung intensiv an den oben aufgezeigten Entwicklungen mit. Die Ausstattung der Labors und die Qualifikation der Mitarbeiter haben bereits in der Vergangenheit zu Forschungsergebnissen geführt, die für die Praxis von großem Wert waren. Zur Umsetzung gewonnener Erkenntnisse wird die Schriftenreihe "IPA-IAO - Forschung und Praxis" herausgegeben. Der vorliegende Band setzt diese Reihe fort. Eine Übersicht über bisher erschienene Titel wird am Schluß dieses Buches gegeben.

Dem Verfasser sei für die geleistete Arbeit gedankt, dem Springer-Verlag für die Aufnahme dieser Schriftenreihe in seine Angebotspalette und der Druckerei für saubere und zügige Ausführung. Möge das Buch von der Fachwelt gut aufgenommen werden.

H. J. Warnecke · H.-J. Bullinger

Vorwort

Die vorliegende Arbeit entstand während meiner Tätigkeit als wissenschaftlicher Mitarbeiter am Fraunhofer-Institut für Produktionstechnik und Automatisierung (IPA), Stuttgart.

Mein besonderer Dank gilt dem Leiter des Instituts, Herrn Dr.-Ing. o. Prof. Dr. h.c. Dr.-Ing. E.h. Warnecke, für seine großzügige Förderung, die entscheidend zur erfolgreichen Durchführung dieser Arbeit beigetragen hat.

Herrn Prof. Dr.-Ing. G. Lechner danke ich für die Übernahme des Koreferats und für die wertvollen Hinweise, die sich daraus ergaben.

Bei allen Kolleginnen und Kollegen sowie Studenten des Instituts, die mich durch ihre kritische Mitarbeit unterstützt haben, bedanke ich mich herzlich.

Dieser Dank gilt insbesondere Herrn Dr.-Ing. M. Schweizer, Herrn Dipl.-Ing. W.-D. Schneider und Herrn Dipl.-Ing. M. Kahmeyer, die wertvolle Anregungen eingebracht haben.

Sindelfingen, Oktober 1992 Thomas Schmaus

Inhaltsverzeichnis Seite

1 Einleitung 17

1.1 Problemstellung 17
1.2 Zielsetzung 17
1.3 Vorgehensweise 18

2 Ausgangssituation 19

2.1 Begriffe und Definitionen 19

2.1.1 Begriffe der Montage- und Handhabungstechnik 19
2.1.2 Begriffe der montagegerechten Produktgestaltung 20
2.1.3 Begriffe der Kostenrechnung 20

2.2 Stand bei der Quantifizierung von Rationalisierungsreserven der montagegerechten Produktgestaltung 20

2.2.1 Industrielle Praxis 20
2.2.2 Überschlägige Relativ-Verfahren 21
2.2.3 Numerische Quantifizierungs-Verfahren 24
2.2.4 Kostenrechnungs-Verfahren 25

3 Analyse des Rationalisierungspotentials und Anforderungen an das Quantifizierungssystem 29

3.1 Analyse 30

3.1.1 Kostenentstehung am Produkt 30
3.1.2 Auswirkungen der Maßnahmen zur montagegerechten Produktgestaltung 31
3.1.3 Kostenentstehung in der flexibel automatisierten Montage 34
3.1.4 Fazit der Analyse 36

3.2 Anforderungen an das Quantifizierungssystem 38

3.2.1 Berechnungssystematik 38
3.2.2 Quantifizierungsergebnis 39
3.2.3 Anwendungsmöglichkeiten 40

3.3 Gesamtsystem zur Quantifizierung des Ratiopotentials 41

4 Ermittlung des Handhabungspotentials 43

4.1 Quantifizierung der Handhabungskomplexität 45

4.1.1 Kinematik 46
4.1.2 Steuerung 47
4.1.3 Positioniergenauigkeit 47
4.1.4 Anzahl der Achsen 47
4.1.5 Reichweite 48
4.1.6 Traglast 50

4.2 Geräteauswahl 50

4.2.1 Parameterprofil von Handhabungsgeräten 50
4.2.2 Auswahlkriterien 51

4.3 Anforderungsgerechter Investitionsangleich 54

4.3.1 Multiple lineare Regression 55
4.3.2 Fehlerabschätzung der Regressionsergebnisse 57
4.3.3 Interpolation der Investitionskosten 58

4.4 Quantifizierung der Handhabungsdauer 59

4.4.1 Quantifizierung der Einzelvorgänge 61
4.4.2 Systematik der Aufsummierung 64

4.5 Ermittlung des Handhabungsaufwandes 65

5 Ermittlung des Teilebereitstellungspotentials 69

5.1 Klassifizierung der Bereitstellungseinrichtungen 70
5.2 Einsatzrelevante Parameter 71

5.2.1 Empfindlichkeit 71
5.2.2 Formstabilität 71
5.2.3 Hauptausdehnung 72
5.2.4 Größe und Gewicht 73
5.2.5 Wirrverhalten 73
5.2.6 Kontur 74
5.2.7 Parameterabhängige Einsatzmöglichkeiten 74
5.2.8 Anforderungsprofil 76

5.3 Gerätespezifikation und Auswahl 76

5.3.1 Anwendungsprofil eines Vibrationswendelförderers 76
5.3.2 Kosten der Bereitstellung über Vibrationswendelförderer 78
5.3.3 Anwendungsprofil für die Bereitstellung über Palettenmagazine 81
5.3.4 Kosten der Bereitstellung über Palettenmagazine 83

5.4 Teilebereitstellungsaufwand 86

6 Ermittlung des Verbindungstechnikpotentials 87

6.1 Anforderungsprofil zur Verbindungstechnik 88
6.2 Kosten für die Verbindungstechnik 89

6.2.1 Schrauben 89
6.2.2 Blindnieten 92
6.2.3 Taumelnieten 93

7 Gesamtsystem zur Quantifizierung des Ratiopotentials 94

7.1 Parameterrelation zwischen Teilsystemen und Produkt 95
7.2 Parameterrelation zwischen Maßnahmen und Produkt 97
7.3 Durchgängiges Systemmodell 102
7.4 Rechnerimplementierung 102

8 Erzielte Ergebnisse mit dem System zur Quantifizierung des Ratiopotentials 104

8.1 Anwendung am Beispiel einer Taschenlampe 104

8.1.1 Beschreibung der Ausgangssituation 104

8.1.2 Ermittelte Maßnahmen zur Produktgestaltung 106
8.1.3 Quantifizierung des Rationalisierungspotentials 108

8.2 Einsatz des Rechnerprogramms RAMON 109

9 Zusammenfassung und Ausblick 111

10 Quellenverzeichnis 113

Abkürzungsverzeichnis

AEM	Assemblability Evaluation Method
AHH	Handhabungsaufwand in DM
AL	Auflegen
AM	Montageaufwand
AS	Aufspreizen
AT	Auftragen
ATB	Aufwand für die Teilebereitstellung eines Teiles in DM
AVT	Aufwand für die Verbindungstechnik in DM
Az!	erforderliche Anzahl Achsen
Azx	Anzahl Achsen eines Industrieroboters
b	Breite
b_B	Breite des Basisteils in mm
b_F	Breite des Fügeteils in mm
BG	Beeinflussungsgrad in %
Bm	Bereitstellungsmenge für 5 Minuten
bs	biegeschlaff
D	Drehen
DE	Design Efficiency
DIN	Deutsche Industrie Norm
DOS	Disk Operation System
DS	Durchmesser einer Schraube in mm
DTC	Design to Cost
DV	Datenverarbeitung
EDV	Elektronische Datenverarbeitung
EH	Einhängen
EK	Einstandskosten einer Schraube in DM
Empf.	Empfindlichkeit
EP	Einpressen
ER	Einrasten
ERK	Einrichtungskosten einer Bereitsstellungseinrichtung in DM
ET	Eintauchen
f	flächig

FF	Fügekraft
fs	formstabil
g	Erdbeschleunigung 9.81 m/s^2
g	Gramm
h	Höhe
H	Holen
HH	Handhabung
HKR	Horizontal-Knickarm-Roboter
IA	Investitionsanteil in %
ID	Identnummer
IR	Industrieroboter
IR*	ausgewählter Industrieroboter
IRP	relatives Investitionspotential in $(\%)^2$
J	Justage
K	Kippen
k	kubisch
K!	erforderliche Kinematik eines Industrieroboters
K_A	Abschreibungskosten pro Jahr in DM
KA	Klemmend aufschieben
K_E	Energiekosten pro Jahr in DM
ke	kratzempfindlich
K_I	Instandhaltungskosten pro Jahr in DM
KINV	Investitionskosten für Industrieroboter in DM
KMH	Maschinenstundensatz in DM/h
K_R	Raumkosten pro Jahr in DM
kW	Kilowatt
kWh	Kilowattstunde
KWZ	Kosten des Tiefziehwerkzeugs in DM
Kx	Kinematik eines Industrieroboters
K_Z	Zinskosten pro Jahr in DM
l	Länge
l_B	Lange des Basisteils in mm
LE	Lineares Einsetzen
l_F	Lange des Fügeteils in mm
lV	Länge Verbindungselement

m	Masse
max	maximal
min	minimal, Minimum
mm	Millimeter
MS	Warenzeichen der Microsoft Corporation
MTM	Methods Time Measurement
N	Anzahl der Schichten pro Tag
n	Jahresstückzahl
n, m	Endvariable
NE	Anzahl der Verbindungselemente pro Verschraubung
N_G	Grenzstückzahl, ab der das Fassungsvermögen austragsabhängig ist
NK	Nachfüllkosten pro Teil in DM
NNP	Anzahl paralleler Nietpistolen
NPM	Notwendige Anzahl an Palettenmagazinen
NSP	Anzahl paralleler Schraubspindeln
NTK	Anzahl paralleler Taumelköpfe
num.	numerisch
nV	Anzahl Verbindungselemente
O V	Durchmesser Verbindungselement
PC	Personal Computer
Pfg	Pfennig
Pg!	erforderliche Positioniergenauigkeit eines Industrieroboters
Pgx	Positioniergenauigkeit eines Industrieroboters
PIR	Anschaffungspreis Industrieroboter
PIR*	Anschaffungspreis des ausgewählten Industrieroboters
PIRx	Anschaffungspreis eines Industrieroboters
PM	Palettenmagazin
PPM	Preis eines Palettenmagazins
PTB	Preis einer Teilebereitstellungseinrichtung in DM
PTP	Point to Point
PV	Prozeßverweilzeit
PVWF	Anschaffungspreis Vibrationswendelförderer
r	robust
RF	Fügerichtung
RPHH	Ratiopotential der Handhabung in DM pro Montagevorgang

RPOT	Ratiopotential
RPTB	Ratiopotential der Teilebereitstellung
Rw	Reichweite
Rwx	Reichweite eines Industrieroboters
Rw!	erforderliche Reichweite eines Industrieroboters
s	Sekunde
SCARA	Selective Compliance Assembly Robot Arm
SPSSX	Statistics Program for the Social Sciences
St!	erforderliche Steuerung eines Industrieroboters
Std	Stunden
Stx	Steuerung
SW	Suchen der Winkelorientierung
TF	Fügegenauigkeit
TL!	Traglast
TLx	Traglast
TN	jährliche Nutzungszeit in Stunden
TV	Verrichtungszeit
UB	Umbiegen
ÜS	Überstülpen
V!	erforderliche Maximalgeschwindigkeit eines Industrieroboters
VA	Art der Verbindung
VDI	Verein Deutscher Ingenieure
VKR	Vertikal-Knickarm-Roboter
VR	Verrichtung
VS	Verschieben
VWF	Vibrationswendelförderer
W	Wenden
WW	Werkzeugwechsel
x, i	Laufvariable
Z	Zinssatz
zb	zerbrechlich

1. Einleitung

1.1. Problemstellung

In den letzten Jahren haben die Rationalisierungsbestrebungen in Produktionsbetrieben stetig zugenommen. So können heute im Bereich der Teilefertigung nicht selten Automatisierungsgrade von 95% erreicht werden. In der Montage sind solche Automatisierungsgrade hingegen nur dann erzielbar, wenn durch hohe Stückzahlen und einfache Montageaufgaben eine reine Einzweckautomatisierung möglich ist. Eine branchenübergreifende Untersuchung der Einsatzmöglichkeiten von flexibel automatisierten Montagesystemen /1/ ergab, daß sich 78% der Betriebe eine Rationalisierung durch Montageautomatisierung und 88% durch eine montagegerechte Gestaltung ihrer Produkte versprechen. Die größten Rationalisierungsreserven werden jedoch durch paralleles Vorgehen von Automatisieren und Produktgestalten erwartet und erzielt /2...6/.
Die Kosten eines Produktes werden weitestgehend vom Konstrukteur festgelegt, wobei dieser zum Zeitpunkt des Konstruierens allenfalls gefühlsmäßige Aussagen über die Automatisierbarkeit machen kann /7/. Entscheidungen für oder gegen eine Produktgestaltungsmaßnahme können derzeit nur durch Regeln, Vergleiche oder geschätzte Hilfsgrößen getroffen werden. Eine frühzeitige Quantifizierung der zu erwartenden Kosten einer automatisierten Montage ist derzeit sehr schwierig und ungenau /8/. Hinzu kommt, daß der Konstrukteur über zu geringe Kenntnisse bezüglich Anlagenkosten verfügt. In Betrieben, in denen keine Erfahrungen mit automatisierten Montagesystemen vorliegen, können frühzeitige Kostenaussagen meist gar nicht getroffen werden. Die dadurch bedingte Unsicherheit ergibt sich nicht nur bei Neukonstruktionen, sondern auch bei der Entscheidung, ob der Aufwand für eine Umkonstruktion gerechtfertigt ist. Es muß nach Hilfsmitteln gesucht werden, mit denen es möglich ist, die konstruktiven Maßnahmen an einem Produkt im Hinblick auf eine noch nicht existente, flexibel automatisierte Montage monetär zu bewerten.

1.2. Zielsetzung

Neben der derzeit üblichen Vergleichs- bzw. Nachkalkulation bei Konstruktionsentscheidungen soll mit dieser Arbeit eine Vorgehensweise erarbeitet werden, die es erlaubt, eindeutige und möglichst genaue Aussagen darüber zu machen, inwieweit konstruktive Maßnahmen an einem Produkt dessen flexibel automatisierte Montage kostenmäßig beeinflussen. Es soll somit ein Hilfsmittel vorliegen, mit dem die Entscheidung für eine Umkonstruktion in Form einer Aufwand-Nutzen-Betrachtung erleichtert wird, und mit dem eine Quantifizierung des Rationalisierungspotentials durch montagegerechte Produktgestaltung möglich ist. Da dieses Potential für Serienprodukte kleiner bis mittlerer Größe am größten ist, soll die Vorgehensweise speziell für dieses Spektrum ausgelegt werden /9,10/.

Darüberhinaus soll dem Konstrukteur eine Möglichkeit gegeben werden, die geläufigen Regeln zur montagegerechten Produktgestaltung aufgrund der monetären Auswirkungen besser zu gewichten.

Es soll aber auch ein aussagekräftiges Instrumentarium für die Verwendung im Teamwork vorliegen, mit dem die Argumentation eines Anlagenplaners für konstruktive Maßnahmen am Produkt belegt werden kann. Die zu erwartenden Kostenaussagen sollen möglichst verursachungsgerecht und branchenneutral sein.

1.3. Vorgehensweise

Durch eine Analyse der Maßnahmen und Regeln zur montagegerechten Produktgestaltung werden zunächst die Produktparameter ermittelt, die durch die Maßnahmen maßgeblich beeinflußt werden. Daraufhin werden die derzeitigen Möglichkeiten der Kostenberechnung und Bewertung der Montagegerechtheit aufgezeigt. Diese Berechnungsverfahren werden hinsichtlich der Berücksichtigung der ermittelten Produktparameter und weiterer wichtiger Kriterien gegenübergestellt und bewertet. Daraus werden die notwendigen Entwicklungsschritte abgeleitet und die Anforderungen an das zu entwickelnde Kostenberechnungssystem sowie der entsprechenden Teilsysteme formuliert.

Für die Erarbeitung der Teilsysteme werden Lösungsalternativen bewertet und ausgewählt, wobei größtes Gewicht auf die verursachungsgerechte Kostenberechnung gelegt wird. Dazu ist es notwendig, die produktspezifischen Auswirkungen auf die Anlagentechnik einer automatisierten Montage genau zu ermitteln und bzgl. der Anlagenkomponenten monetär zu quantifizieren. Das entwickelte Berechnungsverfahren wird an Produktbeispielen exemplarisch erprobt, nach einer Optimierung als Rechenprogramm realisiert und soweit benutzerfreundlich und aktualisierbar gestaltet, daß es in der Praxis effektiv zur Bewertung des Ratiopotentials eingesetzt werden kann.

2. Ausgangssituation

2.1. Begriffe und Definitionen

2.1.1. Begriffe der Montage- und Handhabungstechnik

Bereitstellen: ist das Transportieren der zu montierenden Teile aus der vorgelagerten Materialflußquelle in die Montagestation und das bzgl. Orientierung und Position definierte Speichern innerhalb der Systemgrenze der Montagestation /11,12/.

Zuführen: ist das Weitergeben, Verschieben und/oder Drehen der Fügeteile von der Bereitstellungsposition in die Zuführposition und -orientierung /11/.

Orientieren und Positionieren: sind nach /12/ Unterbegriffe des Handhabens und stellen das Überführen der Fügeteile von der Zuführposition in die Fügesollage (-position und -orientierung) dar, so daß die Teile funktions- und qualitätsgerecht gefügt werden können /11,12/.

Fügen: ist das Zusammenbringen von zwei oder mehr Werkstücken geometrisch bestimmter, fester Form oder von ebensolchen Werkstücken mit formlosem Stoff. Dabei wird jeweils der Zusammenhalt örtlich geschaffen und im Ganzen vermehrt /15,16,17/.

Handhaben: ist das Schaffen, definierte Verändern oder vorübergehende Aufrechterhalten einer vorgegebenen räumlichen Anordnung von geometrisch bestimmten Körpern in einem Bezugskoordinatensystem /12/. Unter der in /12/ formulierten Definition wird in dieser Arbeit unter dem Begriff Handhaben die Summe aus Zuführen, Orientieren, Positionieren und Fügen verstanden.

Flexible Montagestation: Als flexible Montagestation wird eine Montageanlage bezeichnet, wenn sie frei programmierbar (z.B. Robotercontroller) auf eventuelle Varianten- oder Produktwechsel reagieren kann. /78/

2.1.2. Begriffe der montagegerechten Produktgestaltung

Montagegerechte Produktgestaltung: bedeutet, die Produkte so zu konstruieren, daß deren Montageaufwand ein Minimum erreicht. Der Montageaufwand ist die monetäre Summe aller zur Montage eines Produktes/einer Baugruppe notwendigen manuellen, maschinellen und organisatorischen Aufwendungen sowie aller benötigten Energien und Hilfsstoffe /15,19,20/.

Rationalisierungspotential: ist eine monetäre Größe, die durch organisatorische, personelle oder konstruktive Maßnahmen in Form einer Kostenreduzierung oder Effektivitätssteigerung maximal erzielt werden kann. Dieses Potential kann eine einmalige Größe, einem gewissen Zeitabschnitt oder einem Produkt zuzuordnende Größe sein. Häufig wird der Begriff mit der Kurzform "Ratiopotential" ausgedrückt. In dieser Arbeit wird der Ausdruck für die maximal mögliche Kostenreduzierung eines Produktes durch dessen montagegerechte Gestaltung verwendet.

2.1.3. Begriffe der Kostenrechnung

Kosten: sind der bewertete "Verzehr" an Gütern (Materialverbrauch, Abschreibungen usw.) und Dienstleistungen zur Erstellung und zum Absatz der betrieblichen Erzeugnisse und zur Aufrechterhaltung der Betriebsbereitschaft /8,21/.

Relativkosten: sind Bewertungszahlen zum Kostenvergleich von Lösungsvarianten. Eine Lösung, meist die kostengünstigste oder am häufigsten verwendete, wird als Bezugsobjekt gewählt und die Verhältnisse der Kosten der anderen Lösungen zu den Kosten des Bezugsobjekts als Relativwerte angegeben /8,22,23,36...42/.

2.2. Stand bei der Quantifizierung von Rationalisierungsreserven der montagegerechten Produktgestaltung

2.2.1. Industrielle Praxis

Das Interesse in der Industrie an der Erschließung von Rationalisierungsreserven durch montagegerechte Produktgestaltung ist durch die Konkurrenzzwänge am

Markt sehr groß, wenngleich die Umsetzung erst bei einem geringen Prozentsatz der Firmen durchgeführt wird /1,15/.
Konstrukteuren sind zwar häufig Hilfsmittel wie Regeln, Checklisten oder Beispiele zur montagegerechten Produktgestaltung zugänglich und als VDI-Richtlinien aufbereitet /15,29,30,31/, aber ein aussagekräftiges und effektives Hilfsmittel zur Quantifizierung des erschließbaren Ratiopotentials ist nicht vorhanden. Somit entsteht ein entscheidungshemmendes Kostenrisiko, insbesondere auf dem Gebiet der flexibel automatisierten Montage, auf dem viele Firmen derzeit noch keine umfangreichen Erfahrungen besitzen. Die derzeitigen Methoden, Konstruktionsalternativen zu bewerten, lassen sich nach Bild 2.1 in drei Gruppen einteilen:

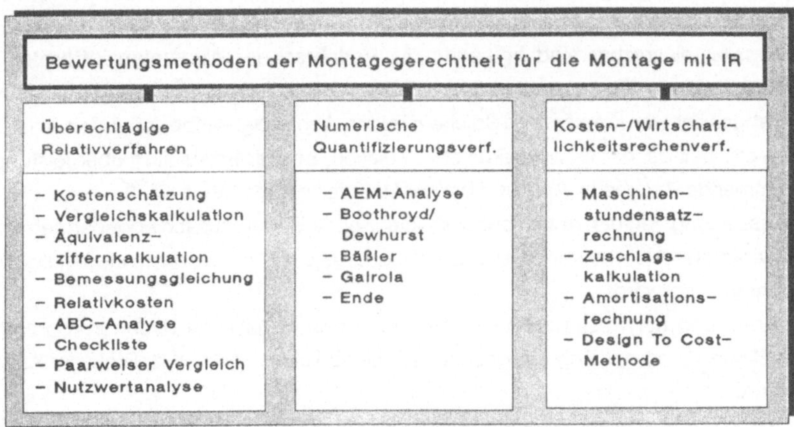

Bild 2.1: Bewertungsmethoden für die Montage mit Industrieroboter

2.2.2. Überschlägige Relativ-Verfahren

Um eine optimierte Produktkonstruktion zu erzielen, ist es notwendig, frühzeitig im Konstruktionsprozeß Konstruktionsentscheidungen zu treffen, die auf Kosteninformationen basieren. Genaue, fertigungstechnische Größen sind in so frühem Stadium aber meist noch nicht bekannt. Außerdem soll das Kalkulieren aufwandsarm und schnell gehen /8/.

Deshalb findet die **Kostenschätzung** im frühen Entwicklungsstadium sehr häufig Anwendung, wenngleich sie große Ungenauigkeiten mit sich bringen kann. Erfahrenes Expertenwissen seitens des Konstrukteurs oder des Kosten- (Fertigungs-) Spezialisten ist hierbei unumgänglich. Eine Minimierung des Fehlerrisikos wird erzielt durch das "unterteilende Schätzen", bei dem sich zufällige Fehler herausmitteln, und das Schätzen durch mehrere Personen /8/. Vorteilhaft erweist sich der geringe zeitliche Aufwand der Durchführung.

Etwas genauere Aussagen ergibt die **Vergleichskalkulation**, bei der auf zurückliegende, nachkalkulierte Konstruktionsanalogien zurückgegriffen wird und die Differenzkosten dazu geschätzt werden. Dabei müssen entsprechende Parallelen aus der Vergangenheit vorliegen, die jedoch bei speziellen Maßnahmen zur montagegerechten Produktgestaltung, bei der Verwendung neuer Werkstoffe und auch im Falle der automatisierten Montage häufig nicht gegeben sind.

Universeller einsetzbar sind hingegen die Verfahren der **Äquivalenzziffernkalkulation**, bei denen von bekannten Produktparametern direkte Aussagen über die Kosten abgeleitet werden können. Solche direkten Abhängigkeitsbeziehungen sind teilweise ermittelt bei der Gewichtskostenkalkulation, bei der Kalkulation über leistungsbestimmende Parameter /32/ und bei der Materialkostenmethode /33/.

Voraussetzung für die Anwendung ist die Kenntnis der ausschlaggebenden Produktparameter. Überraschend ist dabei die gute Aussagegenauigkeit, die bei solchen Verfahren erzielt wird.

Zur Ermittlung der Kostenabhängigkeit haben sich statistische Rechnerprogramme unter Anwendung der Regressionsanalyse mit additivem oder multiplikativem Ansatz bewährt.

Bei mehrdimensionalen Abhängigkeiten, bei denen mehrere Produktparameter die Kostenentstehung maßgeblich beeinflussen, überlagern sich die mathematischen Algorithmen und führen zu **Bemessungsgleichungen**, die bereits in /34,35/ vorgeschlagen werden /8,33/. Der Vorteil von Bemessungsgleichungen besteht darin, daß sie die wesentlichen Abhängigkeiten aufzeigen und sie sowohl qualitativ wie quantitativ unmittelbar zum kostengünstigsten Produkt hinführen. Bei den entstehenden nichtlinearen Abhängigkeiten können über Extremwertberechnungen Kostenminima bzw. -maxima ermittelt werden.

Bei Entscheidungen über technische Konstruktionsalternativen wie z.Bsp. der Auswahl von Verbindungstechniken oder Werkstoffen haben sich **Relativkosten** bewährt. Sie geben ein Verhältnis der Kosten an, in dem eine Lösungsvariante zur kostengünstigsten Lösung steht. Relativkosten bestehen aus einfachen Tabellen und ändern sich im Laufe der Zeit weniger als Absolutkosten. Sie dienen grundsätzlich dem Vergleich von Lösungsvarianten, sind zumeist firmenspezifisch und eignen sich in aller Regel nicht für Kalkulationen /8/.

Die in /44/ beschriebene **Montageerweiterte ABC-Analyse** stellt ein weiteres Hilfsmittel dar, Konstruktionsvarianten einander bewertend gegenüberzustellen. Ausgangspunkt des Verfahrens ist die zu beantwortende Frage: "Was kostet das Teil bzw. die Baugruppe, bis die geforderte Funktion nach erfolgter Montage erreicht ist?" Die Beantwortung wird differenziert über Checklisten hinterfragt zu den Gebieten:

a. Preis des Teils, Herstellkosten
b. Anlieferungszustand
c. Handhabungsfähigkeit
d. Fügerichtung, Fügefähigkeit
e. Fügeverfahren
f. Qualität

Es stehen die Erfüllungsgrade "Gut geeignet", "Bedingt geeignet" und "Ungeeignet" zur Verfügung.

Das Verfahren unterliegt sehr stark, wie grundsätzlich bei der Verwendung von **Checklisten**, subjektiven und momentanen Bewertungsempfindungen, wodurch so getroffene Kostenaussagen durch persönliche Favorisierung verfälscht werden können.

Dieselbe Problematik liegt bei der **Nutzwertanalyse** und beim **paarweisen Vergleich** vor. Der Vorteil der Nutzwertanalyse besteht darin, daß die 5 oder 6 unterschiedlichen Erfüllungsgrade noch mit einem Gewichtungsfaktor versehen werden. Beim paarweisen Vergleich können für jede paarweise Gegenüberstellung zweier Kriterien zwei Punkte vergeben werden (0:2, 1:1 oder 2:0). Bei der Auswertung der Punktesummen dürfen jedoch Differenzen unter 15% nicht mehr entscheidungsrelevant sein /7/.

Grundsätzlicher Nachteil sämtlich genannter überschlägiger Relativ-Verfahren ist die Tatsache, daß spezielle Maßnahmen zur montagegerechten Produktgestaltung nicht explizit bewertet werden können. Es können keine verlässlichen Kostenaussagen im Falle der flexibel automatisierten Montage gemacht werden, wenn nicht umfassende Erfahrungen hierzu vorliegen. Keines der Verfahren verbirgt in sich ein solches Expertenwissen.

2.2.3. Numerische Quantifizierungs-Verfahren

Die hier beschriebenen Bewertungsverfahren sind spezielle, auf die Montagegerechtheit ausgerichtete Hilfsmittel, deren Anwendung zwar aufwendiger als die der überschlägigen Relativ-Verfahren ist, ihr Aussagewert jedoch entsprechend höher bewertet werden kann.
In /45/ ist die **AEM-Methode** beschrieben, bei der über die Beantwortung montagetechnischer Fragen eine Punkteverteilung vorgenommen wird. Die Summe der Punkte kann als Vergleichskriterium der Konstruktionsalternativen verwendet werden, läßt aber auch über einen erfahrungsgemäß festgelegten Grenzwert die Beurteilung zu, ob eine montagetechnisch gute oder schlechte Lösung vorliegt. Mit einer anschließenden Verrechnung der Punktesumme kann eine Aussage über die zu erwartenden Montagekosten getroffen werden. Vorteilhaft zu bewerten ist die Tatsache, daß in die Formulierung der Fragen echtes Expertenwissen eingeht, wobei die Beantwortung wiederum sehr subjektiv ausfällt /45/.
Noch deutlich detaillierter auf die flexibel automatisierte Montage und die dadurch entstehenden Kosten geht die in /47...49/ beschriebene Methode nach Boothroyd/Dewhurst ein. Hierin wird ein Faktor DE (Design Efficiency) ermittelt, welcher eine Aussage über die Montagegerechtheit macht. Die Zielsetzung der Methode liegt in der Minimierung des Montageaufwandes durch eine Reduzierung der Teile auf die theoretisch geringste Anzahl. Für die Quantifizierung des Montageaufwandes liegen getrennte Vorgehensweisen für die manuelle und automatisierte Montage vor. Für die Ermittlung der Montagezeiten werden theoretisch angenommene Mindestzeiten mit Zuschlägen entsprechend der Montagegerechtheit belegt. Standardisierungsmaßnahmen sowie die Auswahl der Verbindungstechnik gehen nur gering in die Aufwandsbewertung der automatisierten Montage ein. Nachteilig ist zu sehen, daß die Differentialbauweise, d.h. ein Produktaufbau aus mehreren, aber deutlich einfacher zu montierenden Teilen, hier niemals zu einer positiven Produktgestaltung führen kann. Die Anwendung der Boothroyd/Dewhurst-Methode ist unter den Systemen mit Sicherheit die komfortabelste, da die Vorgehensweisen als Rechnerprogramme auf PC-Basis vorliegen /46/.
Die in /15/ vorgestellte Bewertungsmethode ist als Bestandteil des "montageorientierten Konstruktionsprozesses" zu sehen und lehnt sich an die klassische Wertanalyse an. Für jedes Teil wird ein Quotient aus Anteil an der Gesamtfunktion des Produktes und dem für das Teil notwendigen Montageaufwand gebildet. Der errechnete Wert kann als montagetechnisches Aufwand-Nutzen-Verhältnis eines Einzelteiles

betrachtet werden und gibt Auskunft über montagetechnische Schwachstellen. Kostenaussagen können über dieses Verfahren nicht gemacht werden, Standardisierungsmaßnahmen können ebenfalls nicht bewertet werden.
Die von **Galrola** entwickelte Bewertungssystematik /31/ beruht auf einem Analyseverfahren, das Bauelemente und Baugruppen auf unterschiedliche Methoden über Algorithmen und Kennzahlen bewertet. Das Ausfüllen der Arbeitsblätter ist sehr komplex und detailliert. Die darin auszuführende Klassifizierung in die Kategorien "gut", "bedingt" und "schlecht" ähnelt stark dem Arbeiten mit Checklisten /50/. Kostenaussagen können nicht getroffen werden /15,25/.
In /51/ wurde eine Methode entwickelt, die die Montagefreundlichkeit bezüglich Montagezeitaufwand, ergonomischer Wirkungen, sowie aufgrund der Vermeidung von Montagevorgängen bewertet /15/. Durch die Notwendigkeit der subjektiven Gewichtung der Einflußfaktoren, ist die Methode stark abhängig von Erfahrungswerten.
Unter den Numerischen Quantifizierungs-Verfahren können Kostenaussagen nur durch die AEM-Methode /45/ und die Boothroyd/Dewhurst-Methode /48/ getroffen werden. Spezielle Berücksichtigung der flexibel automatisierten Montage wird in /48/ und bei Bäßler in /15/ und teilweise in /45/ ermöglicht.

2.2.4. Kostenrechnungs-Verfahren

Die Bewertung und Gegenüberstellung von Lösungsalternativen mit Hilfsmitteln aus der Kostenrechnung ist im Stadium des Konstruktionsprozesses nur in Form der Vorkalkulation möglich.
Bei der Quantifizierung des Montageaufwands besteht bei der automatisierten Montage noch die Möglichkeit, eine vergleichende Wirtschaftlichkeitsrechnung über die einzusetzenden Investitionen durchzuführen, die für die Realisierung der automatisierten Montage dieser Lösungsalternativen jeweils notwendig werden.

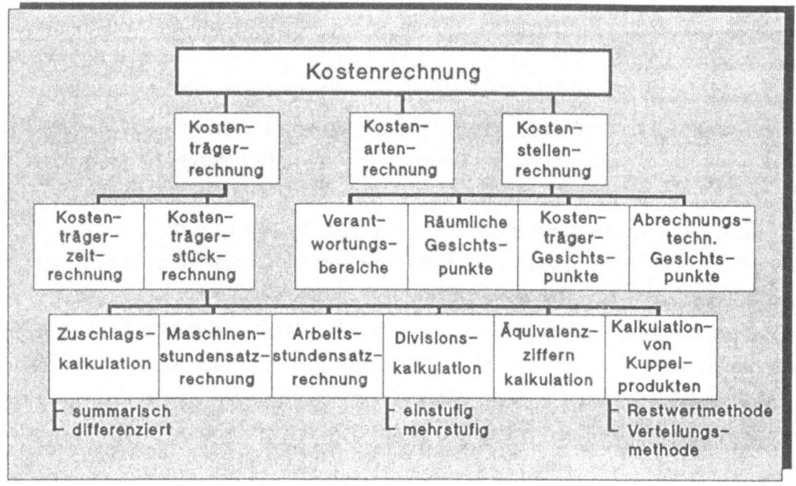

Bild 2.2: Verfahren zur Kostenrechnung

Die Eignung aus dem Bereich der Kostenrechnung beschränkt sich gemäß Bild 2.2 auf wenige mögliche Verfahren /21,52/.

Die **Äquivalenzziffernkalkulation** kann als überschlägiges Relativ-Verfahren bezeichnet werden und wurde unter dieser Überschrift bereits erläutert. Die **Zuschlagskalkulation** erlaubt die Ermittlung der Selbstkosten eines Produktes durch die Erweiterung einer bekannten Kostenbezugsgröße um einen aus der Erfahrung ermittelten Prozentsatz. Solche Bezugsgrößen können z.Bsp. der Fertigungslohn, das Fertigungsmaterial oder die Summe aus beiden sein. Es setzt voraus, daß diese Größen relativ genau vorliegen.

Im Bereich des Maschinenbaus ist das Verfahren sehr weit verbreitet, wird aber mit zunehmender Automatisierung immer schwieriger, da sich durch den hohen Investitionseinsatz Zuschlagssätze von mehreren 100% ergeben können. Der absolute Fehler kann hierbei sehr groß werden, und von verursachungsgerechter Kostenzuweisung kann nicht mehr die Rede sein. Genau diese ist jedoch für die Beurteilung von Maßnahmen zur montagegerechten Produktgestaltung notwendig.

Der **Maschinenstundensatz** ist eine sehr aussagekräftige Größe und gibt den monetären Aufwand an, der durch die Bearbeitung auf einer Einzelmaschine pro Stunde entsteht.

Für die flexibel automatisierte Montage stellt sich die Schwierigkeit, daß nicht von einer Einzelmaschine gesprochen werden kann, sondern daß sich die Anlagentechnik aus vielen Einzelkomponenten zusammensetzt, die wiederum unterschiedliche Abschreibungsdauern aufweisen. Durch Aufsummierung von "Komponentenstundensätzen" ist jedoch über eine Ermittlung der Vorgangsdauer in der automatisierten Montage eine kostenmäßige Gegenüberstellung von Konstruktionsalternativen sehr gut möglich.

Da der Montageaufwand bei der Vollautomatisierung vorwiegend vom Investitionseinsatz und der Ausbringung bestimmt wird, kann eine Produktbewertung auch über eine "vergleichende Amortisationsrechnung" erfolgen. Die Bewertungsgröße wird dabei durch die Differenz der Amortisationszeiten ausgedrückt. Voraussetzung dabei ist, daß Anlagentechniken mit gleicher Ausbringung verglichen werden, und daß einschlägige Erfahrungen vorliegen, inwieweit die Gestalt der Einzelteile und Baugruppen anlagentechnisch Montagekonsequenzen erfordern. Der Aufwand ist zu alledem relativ hoch, da parallel zum Konstruktionsprozeß planerische Tätigkeiten notwendig werden.

In Branchen und Projekten mit langen Entwicklungszeiten und insgesamt hohen Herstellungskosten, wie z.Bsp. im Flugzeugbau, findet die **Design to Cost (DTC)-Methode** zunehmend Verwendung. Es werden hierbei für einzelne Baugruppen und Funktionseinheiten Zielkosten vorgegeben, die nicht überschritten werden dürfen und noch während der Entwicklungsphasen abgeschätzt werden müssen /53/. Über die Einhaltung dieser Zielsetzung erfolgt die Auswahl von Konstruktionsalternativen zu einem frühen Zeitpunkt. Voraussetzung ist hierbei ähnlich der Wertanalyse das interdisziplinäre Arbeiten /54/.

Eine gegenüberstellende Übersicht der Methoden zur Bewertung der Montagegerechtheit zeigt Bild 2.3.

Methode	Berech-nungs-größe	Genauig-keit	Aufwand	Ver-breitung
Überschlägige Relativverfahren				
Kostenschätzung	Kosten	schlecht	gering	häufig
Vergleichskalkulation	Differenz-kosten	ausreichend	gering	häufig
Äquivalenzziffernkalkulation	Kosten	gut	gering	mittel
Bemessungsgleichungen	Kosten	befriedigend	gering	selten
Relativkosten	Lösungs-reihenfolge	ausreichend	gering	mittel
ABC-Analyse	verb. Klas-sifizierung	ausreichend	mittel	mittel
Checklisten	verb. Klas-sifizierung	ausreichend	mittel	mittel
Paarweiser Vergleich	Lösungs-reihenfolge	zweifelhaft	mittel	mittel
Nutzwertanalyse	Vergleichs-wert	befriedigend	hoch	häufig
Num. Quantifizierungs-verfahren				
AEM-Methode	Verhältnis Montagek.	+/- 10%	hoch	selten
Boothroyd/Dewhurst	Montagek.+ Vergleichsw.	gut	mittel	mittel
Bäßler	Vergleichs-wert	gut	mittel	sehr selten
Gairola	Klassifizie-rung	mäßig	hoch	sehr selten
Ende	Vergleichs-wert	unbe-friedigend	mittel	sehr selten
Kosten-/Wirtschaftlichkeits-berechnungsverfahren				
Maschinenstundensatz-rechnung	Stückkosten	sehr gut	hoch	sehr häufig
Zuschlagskalkulation	Stückkosten	befriedigend	mittel	sehr häufig
Vergleichende Amortisationsrechnung	Stückkosten Amort.dauer	gut	mittel	sehr häufig
Design to Cost Methode	Kosten-grenze	gut	hoch	selten

Bild 2.3: Methoden zur Bewertung der Montagegerechtheit

3. Analyse des Rationalisierungspotentials und Anforderungen an das Quantifizierungssystem

Die formulierte Zielsetzung erfordert eine Vorgehensweise, die über 4 Berechnungsschritte von der Anwendung der Regeln der montagegerechten Produktgestaltung bis zur Ermittlung der Stückkosten und damit zur Quantifizierung des Ratiopotentials führt. Jeder dieser Schritte in dieser Systematik basiert auf Abhängigkeiten und Beeinflussungsmöglichkeiten, die es zu analysieren gilt. Bild 3.1 zeigt die Berechnungsschritte und die dazu notwendigen Analysen.

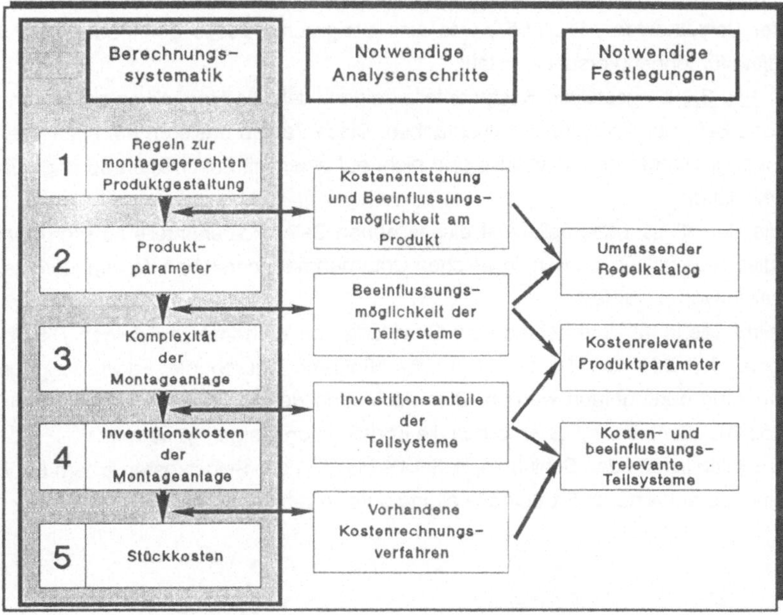

Bild 3.1: Übersicht über die angestrebte Berechnungssystematik und die dadurch notwendigen Analysenschritte

3.1. Analyse

3.1.1. Kostenentstehung am Produkt

Durch die Tatsache, daß die Montagekosten zwischen 20% und 50% /1/ der Herstellkosten ausmachen, stellt die montagegerechte Produktgestaltung ein beachtliches Rationalisierungspotential dar. Darüberhinaus werden auch die Einstandskosten für Kaufteile und Rohmaterialien durch produktgestalterische Maßnahmen beeinflußt. Durch die konsequentere und die Montagebelange sorgfältiger berücksichtigende Konstruktionssystematik geht damit jedoch eine Erhöhung der Entwicklungskosten einher. Diese betragen derzeit zwischen 3% und 7% der Selbstkosten /14,33,55/, was eine Steigerung dieses geringen Anteils im Endeffekt für lohnend erscheinen läßt.
Die in Bild 3.2 dargestellten Kostenanteile zeigen, daß die Herstellkosten zwischen 75% und 85% der Selbstkosten ausmachen. Diese Zahlen basieren auf einer verursachungsgerechten Kostenanalyse und nicht auf einer mit Zuschlägen durchgeführten Kalkulation.
Um die Beeinflussungsmöglichkeit dieses hohen Selbstkostenanteils zu ergründen, muß die Frage geklärt werden, in welchen Unternehmensbereichen Kosten festgelegt und verantwortet werden.
Eine Umfrage in 42 Unternehmen zur Ermittlung von Wertanalyse-Erfolgen /56/ hat ergeben, daß 65% der Rationalisierungsmaßnahmen durch die Entwicklung und Konstruktion durchgeführt wurden. Dies deckt sich ziemlich genau mit der Erkenntnis, daß 70% der Herstellkosten durch die Konstruktion festgelegt werden.
Diese Zahlen lassen den Schluß zu, daß 49% bis 60% der Selbstkosten einem Beeinflussungspotential durch Produktgestaltung unterliegen.

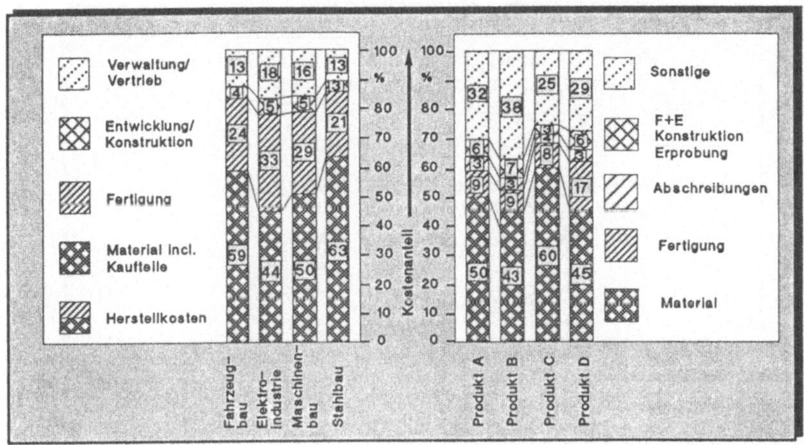

Bild 3.2: Relative Kostenanteile an den Selbstkosten in verschiedenen Branchen /14,33,55/

3.1.2. Auswirkungen der Maßnahmen zur montagegerechten Produktgestaltung

Aus der Literatur sind umfangreiche Maßnahmen- und Regelkataloge zur Montagegerechtheit bekannt /3,4,15,28,29,47,50,51/. Trotz unterschiedlicher Detaillierung lassen sich sämtliche Regeln in die in Bild 3.3 dargestellte Klassifizierung einordnen. Nach Eliminierung von Doppelnennungen und Zusammenfassen ähnlicher Regeln lassen sich 78 Regeln zu den vier Themengebieten formulieren. Betrachtet man das Feld der Maßnahmen zur montagegerechten Produktgestaltung im Sinne der Umsetzung und Realisierung dieser 78 Regeln, so kann von einer annähernd vollständigen Sammlung von produktgestalterischen Möglichkeiten ausgegangen werden.

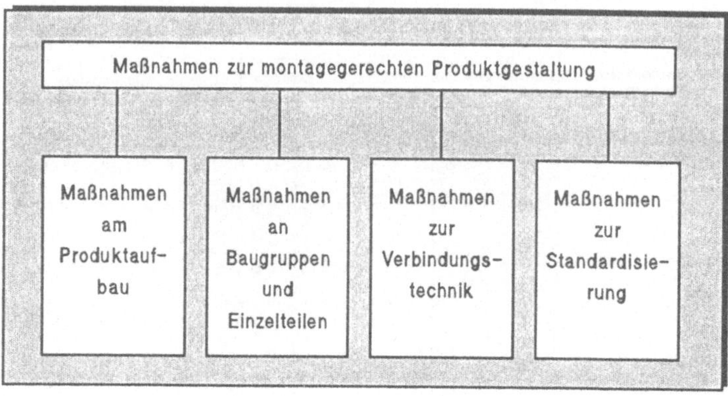

Bild 3.3: Einteilung der Maßnahmen zur montagegerechten Produktgestaltung

Für die Ergründung, inwieweit diese Maßnahmen die montagerelevanten Produktparameter beeinflussen, wurde eine Analyse in 47 Firmen durchgeführt, die alle Erfahrungen mit flexibel automatisierten Montagesystemen gesammelt hatten. In der Erhebung haben die Experten der Firmen die 78 Regeln innerhalb einer Klassifizierung von vier Gewichtungsstufen (- = nicht, O = geringfügig, ◒ = mäßig, ● = stark) bezüglich ihrem Beeinflussungsgrad auf folgende Produktparameter und die Teilsysteme eines Montagesystems bewertet:

- Anzahl der Baugruppen
- Anzahl der Einzelteile
- Gewicht
- Fügerichtung
- Werkstoff
- Bauteilgröße
- Geometrie der Einzelteile
- Oberflächenbeschaffenheit
- Fügetoleranz
- Verbindungstechnik
- Fügekraft

Die Teilsysteme der Anlagentechnik, bzgl. derer die Beeinflussung der Regeln bewertet wurde, lauten:

- Industrieroboter mit Steuerung (IR)
- Zusätzliche Peripherie
- Montage, Inbetriebnahme
- Verkettung, Materialfluß
- Teilebereitstellungen
- Gestelle und Schutzeinrichtungen
- Greifer
- Montagevorrichtungen

Das Analysenergebnis ist gemäß der Maßnahmenstrukturierung aus Bild 3.3 in vier Blöcke aufgeteilt. Die Bewertung erfolgte durch Aufsummierung der Bewertungen, wobei galt: (- = 0, O = 1, ◒ = 2, ● = 3). Bild 3.4 zeigt einen Auszug der Ergebnisse.

Beeinflussungs-möglichkeiten / Maßnahmen zur montage-gerechten Produktgestaltung	Produktparameter											Anlagenteile								
	Anzahl der Baugruppen	Anzahl der Einzelteile	Gewicht	Fügerichtung	Fügetoleranz	Fügekraft	Bauteilgröße	Oberflächenbeschaffenheit	Geometrie d. Einzelteile	Werkstoff	Verbindungstechnik	IR mit Steuerung	Greifer	Verkettung, Materialfluß	Montagevorrichtungen	Teilebereitstellungen	Zusätzliche Peripherie	Gestelle und Schutzeinr.	Montage, Inbetriebnahme	Quantifizierbarkeit
22 Einheitliche Fügebewegung	—	◒	—	●	○	○	◒	—	○	—	◒	●	◒	○	◒	○	○	○	—	●
23 Schachtel-bauweise	●	◒	○	●	◒	○	●	—	◒	—	◒	◒	◒	—	●	—	—	—	—	●
24 Gute Zugänglichkeit, Sichtbarkeit	◒	◒	○	●	◒	○	◒	—	○	—	○	●	●	○	●	—	○	—	—	●
25 Ausreichend Platz für Fügebewegung	○	○	◒	●	●	◒	●	—	○	—	○	●	●	—	◒	—	◒	—	—	◒
26 Fügefunktionen standardisieren	—	○	—	◒	○	—	○	—	—	—	●	○	●	—	◒	—	◒	○	—	◒
27 Bauteile mit hohem Ordnungsgrad	—	—	—	○	—	—	—	○	●	○	—	○	◒	—	◒	●	—	—	—	◒
28 Haupt-abmessungen begrenzen	○	○	◒	—	—	—	●	○	◒	○	—	●	●	◒	◒	●	○	○	—	●
29 Bauteilgewicht begrenzen	○	○	●	—	—	◒	◒	—	◒	◒	—	●	●	◒	◒	●	○	◒	—	●
30 Einfache Greifflächen	—	—	○	◒	○	◒	○	◒	●	○	—	—	●	—	◒	○	—	—	—	○

Legende für die Aufsummierung:

—	○	◒	●
0...20 Punkte	20...60 Punkte	60...100 Punkte	> 100 Punkte

Bild 3.4: Auszug aus der Bewertung der Beeinflussungsmöglichkeiten der Maßnahmen zur montagegerechten Produktgestaltung

Die Auswertung des Beeinflussungsgrades zeigt Bild 3.5. Neben der Verbindungstechnik stellen vor allem die Einzelteile mit deren Anzahl, Geometrie und Fügerichtungen die für die Montagegerechtheit wichtigsten Produktparameter dar. Es ist aber auch offensichtlich, daß keiner der Parameter so gut wie nicht beeinflußbar ist und damit bei der Quantifizierung des Ratiopotentials vernachlässigbar wäre.
Die Auswertung der Beeinflussungsmöglichkeit der Anlagenteile erfolgt in Kap. 3.1.4.

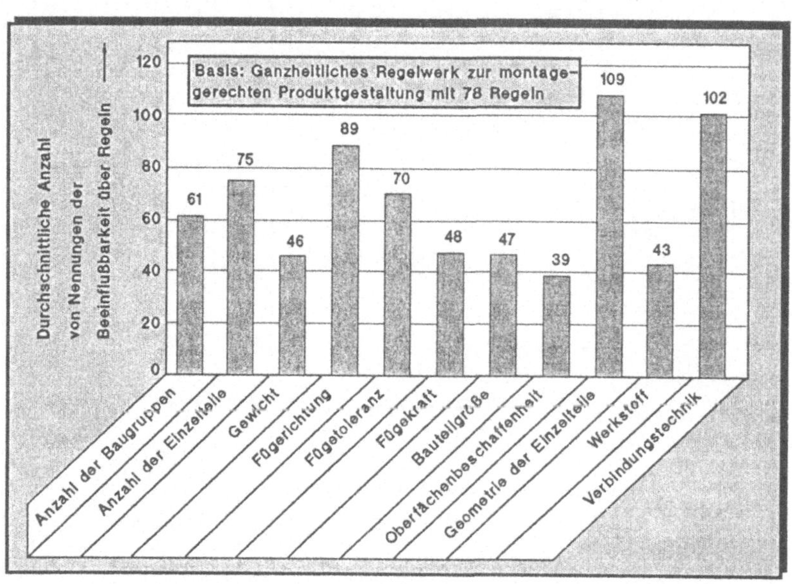

Bild 3.5: Beeinflussungsmöglichkeit der Produktparameter durch Maßnahmen zur montagegerechten Produktgestaltung

3.1.3. Kostenentstehung in der flexibel automatisierten Montage

Die flexibel automatisierte Montage ist geprägt durch hohe Investitionskosten und einem damit verbundenen Amortisationsrisiko. Das bei der Automatisierungsentscheidung abzuschätzende Risiko basiert in erster Linie auf zwei Grundsatzfragen: Welche Ausbringung erzielt das Montagesystem und wie hoch ist die Investitionssumme?

Durch eine Automatisierungsentscheidung verschieben sich die Montagekosten von rein variablen Kosten, wie sie durch manuelle Montagezeiten und dem entsprechenden Stundensatz /57,58/ entstehen, zu vorwiegend fixen Kosten, die o.g. Risiko beinhalten. Bei der Rationalisierung durch produktgestalterische Maßnahmen wird demzufolge entweder die Montagezeit verkürzt und dadurch die Ausbringung gesteigert, oder die Investitionskosten werden reduziert. Die verschiedenen Anlagenteile einer automatisierten Montagezelle lassen sich jedoch nur unterschiedlich stark kostenmäßig beeinflussen. Wie sich die Investition einer solchen Zelle durchschnittlich zusammensetzt, zeigt Bild 3.6. Den größten Anteil verschlingt die Montage und Inbetriebnahme. Hardwareseitig schlägt der Industrieroboter am deutlichsten zu Buche mit 22.5%, dicht gefolgt von Teilebereitstellungseinrichtungen und zusätzlichen Peripheriegeräten wie Schraubeinrichtungen, Pressen etc. .

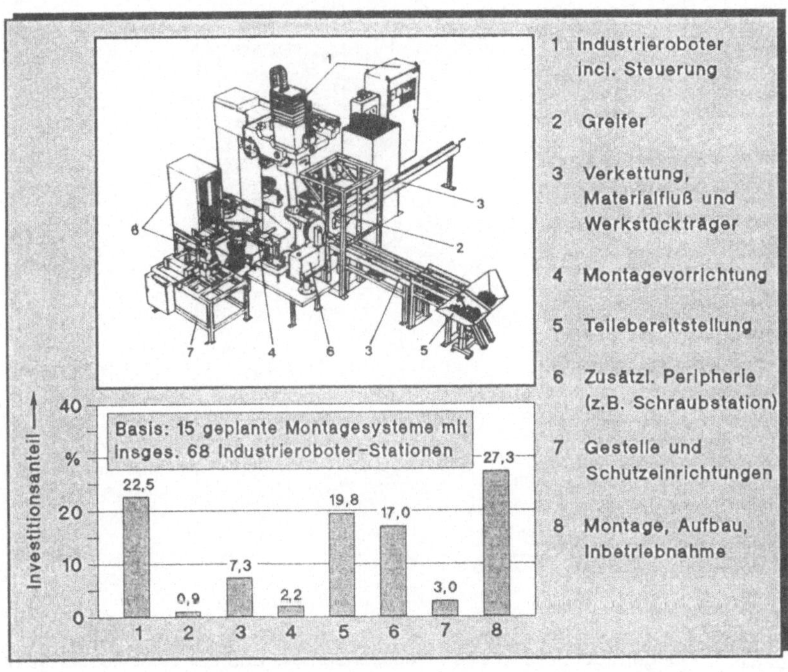

Bild 3.6: Durchschnittliche Kostenanteile einer Investition zur flexibel automatisierten Montage

3.1.4. Fazit der Analyse

In Bild 3.5 ist ersichtlich, daß keiner der aufgeführten Produktparameter außer acht gelassen werden kann. Für die Teilsysteme der Montageanlage gibt nicht nur der Grad der Beeinflussung durch Produktgestaltungsmaßnahmen Ausschlag über die Berücksichtigung im Quantifizierungssystem, sondern auch die Frage, inwieweit ein Teilsystem überhaupt an der Investition Anteil hat.

Ein kostenintensiver Anlagenteil, der nicht beeinflußbar ist, darf ebenso außer Betracht bleiben wie ein stark beeinflußbarer Anlagenteil, der keinen nennenswerten Investitionsanteil aufweist.

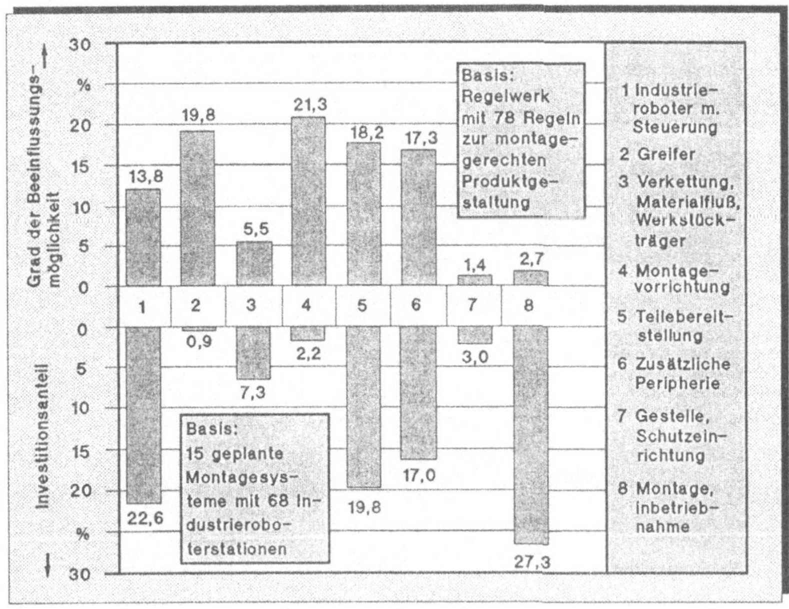

Bild 3.7: Gegenüberstellung des Investitionsanteils und der Beeinflussungsmöglichkeit durch Produktgestaltungsmaßnahmen für die Anlagenteile einer flexibel automatisierten Montage

Deshalb wird für die Auswahl das Produkt aus beiden relativen Anteilen gebildet. Dieses Produkt stellt ein maximales Investitionspotential dar.

$$IRP = BG \cdot IA$$

mit IRP: Investitionspotential in (%)²
BG: Beeinflussungsgrad in %
IA: Investitionsanteil in %

Der Beeinflussungsgrad errechnet sich hierbei als Anteil aller Nennungen aus der Bewertung in Bild 3.4. Er kann dem Investitionsanteil direkt gegenübergestellt werden (Bild 3.7). Bildet man oben genanntes Produkt und trägt es über den entsprechenden Anlagenteilen auf, ergibt sich Bild 3.8.
Es zeigt sich, daß das Handhabungsgerät, die Teilebereitstellung und die zusätzliche Peripherie, hinter der sich vorwiegend die Verbindungstechnik verbirgt, die für die Quantifizierung des Ratiopotentials entscheidenden Anlagenbestandteile darstellen.

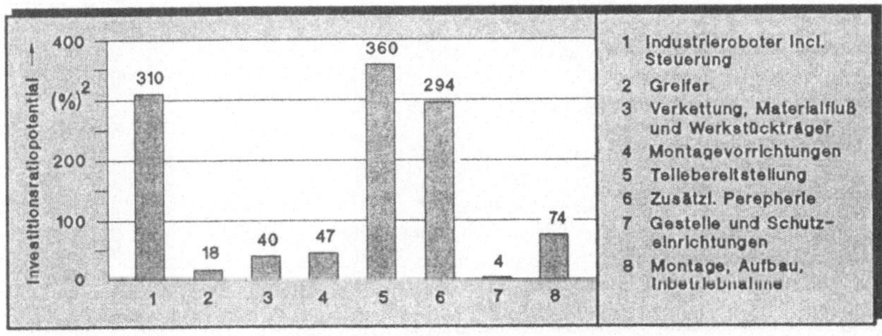

Bild 3.8: Analytisch ermitteltes maximales Investitionsratiopotential unterschiedlicher Anlagenteile der flexibel automatisierten Montage

3.2. Anforderungen an das Quantifizierungssystem

3.2.1. Berechnungssystematik

Betrachtet man das Potential der möglichen Auswirkungen in der Montage, so ist eine Beschränkung auf folgende Anlagenbereiche sinnvoll:

a. Industrieroboter
b. Teilebereitstellung
c. Zusätzliche Peripherie

Es wird angestrebt, die Berechnungsgrößen nicht als Absolutwerte, sondern in Form von Differenzkosten im Sinne einer Vorher-Nachher-Betrachtung zu erstellen. Fehlerbehaftete Bemessungsgrößen, die keiner Änderung unterliegen, können somit eliminiert werden. Eine Auflistung der Anforderungen zeigt Bild 3.9.

Anforderungen an die Berechnungssystematik

- Berücksichtigung von Ratio- und Teuerungseffekten
- Berücksichtigung aller wesentlichen Kostenfaktoren in der Montage
- Berücksichtigung aller relevanten Produktparameter
- Integration unterschiedlicher Kosteneffekte auf einheitlicher Vergleichsbasis
- Modularer Aufbau
- Erweiterbare Systematik bzgl. Systemgrenze Montage
- Berücksichtigung aller in Frage kommender Maßnahmen
- Erweiterbare Maßnahmenliste
- Umsetzbar durch EDV
- Integriertes Expertenwissen
- Erweiterbar auf dem Gebiet der Verbindungstechnik

Bild 3.9: Anforderungsliste an die Berechnungssystematik zur Quantifizierung des Ratiopotentials

3.2.2. Quantifizierungsergebnis

Aufgrund der vielschichtigen Betrachtungsweise und dem daraus resultierenden modularen Aufbau des Quantifizierungssystems muß eine einheitliche Ergebnisgröße errechnet werden, in die sämtliche Teilergebnisse übergeführt werden können.
Die Stückkostenbetrachtung bietet hier die günstigsten Voraussetzungen.
Bezüglich der Ergebnisgenauigkeit scheint eine Spanne von maximal 20% für erzielbar und auch für ausreichend.
Entscheidend bei der Ergebnisermittlung ist die verursachungsgerechte Berechnung, damit Entscheidungen an der Produktgestaltung eindeutig getroffen werden können. Hierbei ist zu berücksichtigen, daß bei sequentieller Berechnung zweier Produktänderungsmaßnahmen die Auswirkung der ersten nur einmal berechnet wird. Mit dem Verfahren soll schließlich eine Entscheidung begründbar sein, die eine Produktgestaltungsmaßnahme zuläßt oder nicht.
Die Auflistung der Anforderungen an das Ergebnis zeigt Bild 3.10.

Anforderungen an das Quantifizierungsergebnis

- Monetärer Betrag
- Einzelnes Produkt als Bezugsbasis
- Stückkostenbetrachtung
- Differenzbetrag zweier Produktgestaltungsalternativen
- Berücksichtigung nur änderungsrelevanter Produktparameter
- Genauigkeit unter 20%
- Verursachungsgerechte Berechnung
- Nachvollziehbarkeit von Ursache und Wirkung
- Produktparameter ganzheitlich in Stammdatenbasis
- Mehrfacher Datenzugriff möglich

Bild 3.10: Anforderungsliste an das Ergebnis bei der Quantifizierung des Ratiopotentials

3.2.3. Anwendungsmöglichkeiten

Unter der Zielsetzung, ein System zu generieren, das frühzeitig eine Entscheidung über eine Produktgestaltungsmaßnahme untermauert, muß das Quantifizierungsverfahren einen überschaubaren Anwendungsaufwand aufweisen. Es muß in vertretbarem Zeitaufwand auch mehrmals hintereinander durchführbar sein, denn es soll aus mehreren Konstruktionsalternativen ausgewählt werden können. Die Aktualität der Kostenergebnisse soll dadurch gewährleistet sein, daß die hinterlegten Stammdaten komfortabel einem Up-date unterzogen werden können.
Das Aktualisieren sowie die eigentliche Anwendung muß so bedienerfreundlich gestaltet werden, daß kein überdurchschnittliches Fachwissen erforderlich ist und auch von ungeschultem Personal durchführbar ist. Im Sinne der Verursachungsgerechtheit und der Übertragbarkeit der Montageauswirkungen soll kein quantifizierendes Weltmodell erstellt werden, sondern wird die Anwendbarkeit auf Produkte mit einer Kantenlänge bis max. 500mm, die auf Linien mit Werkstückträgern montiert werden können, beschränkt.
Eine Auflistung der Anwendungsanforderungen zeigt Bild 3.11.

Anforderungen an die Anwendungsmöglichkeiten

- Überschaubarer Datenbereitstellungsaufwand
- Komfortable Quantifizierungsdurchführung
- Überschaubare Quantifizierungsdauer
- Anwendbar auf Produkte mit Kantenlänge bis 500 mm
- Anwendbar auf Produkte kleiner bis mittlerer Stückzahl
- Anwendbar für Linienmontagen mit Werkstückträger
- Universell anwendbar innerhalb des Produktspektrums
- Bedienbar auch von ungeschultem Personal
- Dauerhafte Aktualität durch leichtes Up-date
- Anwendbar zum Vergleich von Produktgestaltungsalternativen
- Anwendbar auf Einzelmaßnahmen am Produkt
- Anwendbar auf mehrere parallele Maßnahmen
- Dialogfähiges System

Bild 3.11: Anforderungsliste an die Anwendungsmöglichkeiten der Quantifizierungssystematik

3.3. Gesamtsystem zur Quantifizierung des Ratiopotentials

Wie in Bild 3.1 aufgezeigt, soll das System allein auf den Parametern beruhen, die durch die Maßnahmen zur montagegerechten Produktgestaltung direkt beeinflußt werden können. Diese Produktparameter sind u.a. die Masse und Größe der Einzelteile, die Fügetoleranzen, die Fügerichtung und vieles mehr.
Dabei muß gewährleistet sein, daß die oben erwähnten Produktparameter den gesamten Beeinflußungsbereich der Regeln beinhalten. Die Auswirkungen der Änderung der Produktparameter muß anschließend direkt in eine Änderung der Anlagenparameter des Montagesystems überführt werden. Das Montagesystem muß hierbei in den ermittelten Teilsystemen separat betrachtet werden. Durch die Aufteilung in drei kostenrelevante Teilsysteme werden drei Berechnungssystematiken erarbeitet, in denen jeweils ein Teilpotential errechnet wird.
Die Ergebnisgrößen der Teilsysteme tragen wie gefordert die Benennung DM/Stück und lassen sich zu einem ganzheitlichen Ergebnis zusammenführen. Durch die Beeinflussung über die Maßnahmen zur montagegerechten Produktgestaltung liegen die Produktparameter in einem "Vorher-" und "Nachher-" Zustand vor und bilden damit die Grundlage der Ratioberechnung über die Differenzbildung.
Die Ergebnisdarstellung sollte sicherlich das ganzheitliche Ratiopotential als Summe der drei Teilergebnisse aufweisen. Die separate Auflistung der Teilergebnisse dürfte jedoch ebenfalls sehr interessant und aufschlußreich sein und könnte ggf. zu einer gezielten Maßnahmenauswahl führen.

Den Ablauf des ganzheitlichen Systems zeigt Bild 3.12.

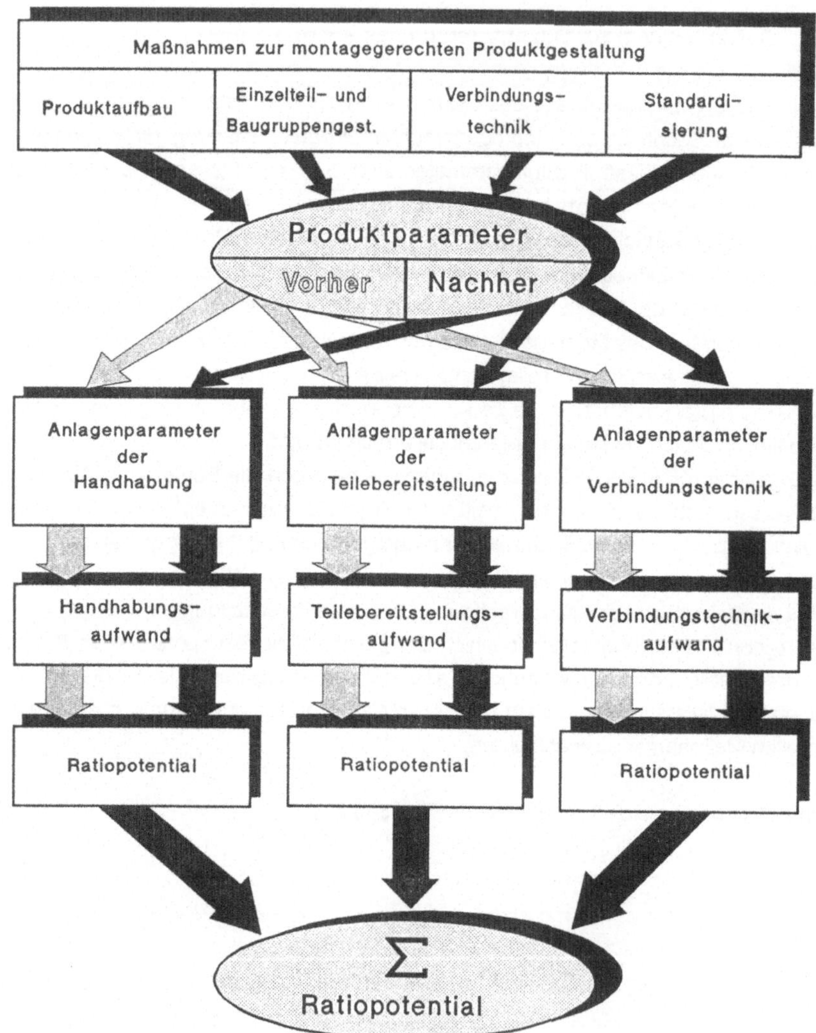

Bild 3.12: Gesamtsystem zur Quantifizierung des Ratiopotentials.

4. Ermittlung des Handhabungspotentials

Das in Bild 3.12 gezeigte Gesamtsystem beinhaltet die Schwierigkeit, zu den drei Teilgebieten Handhabung, Teilebereitstellung und Verbindungstechnik Ratioergebnisse zu ermitteln, die vergleichbar und miteinander verrechenbar sein sollen, obwohl sich die zugrundeliegenden Planungsinformationen und -daten und somit die Auswahl der Anlagentechnik sehr stark unterscheiden. Deshalb werden für die unterschiedlichen Teilsysteme differenzierte Methoden der Aufwandsermittlung notwendig. Unter den ca. 3000 bekannten Problemlösungsmethoden, die neben assoziativen, deduktiven und empirischen Methoden auch den Bereich des "Sammelns und Ordnens", sowie diverse Kombinationsmethoden umfassen, lassen sich die Methoden gemäß /62, 63, 64/ nach der Art der Denk- und Informationsprozesse, wie in Bild 4.1 gezeigt, systematisieren.

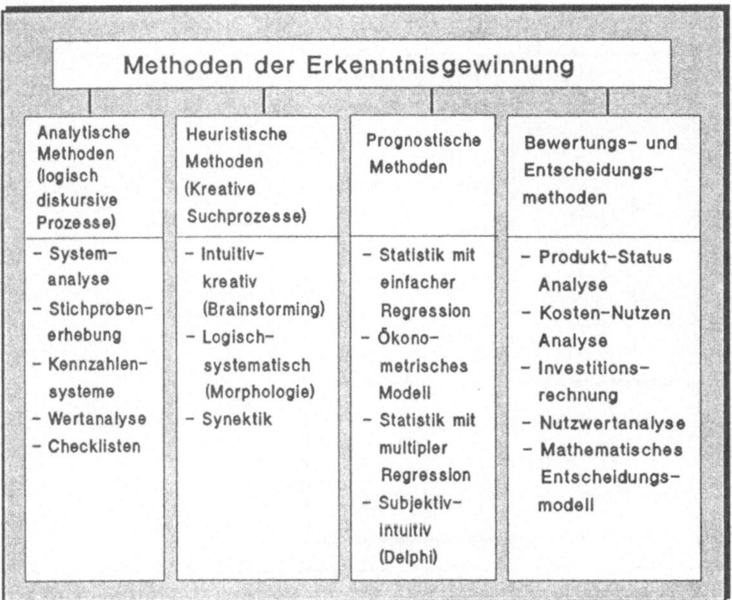

Bild 4.1: Methoden der systematischen Erkenntnisgewinnung

Für die Quantifizierung des Handhabungsaufwandes müssen die Montagevorgänge zunächst bezüglich ihrer **Komplexität** sowie ihrer **zeitlichen Dauer** bewertet werden. Die Komplexität stellt dabei eine Art Schwierigkeitsgrad der Montage dar, der über die in Bild 3.5 genannten Produktparameter vorgegeben wird. Die Quantifizierung der Dauer eines Montagevorganges erfordert ein umfassendes, analytisches Vorgehen. Den zusammenhängenden Ablauf zeigt Bild 4.2.

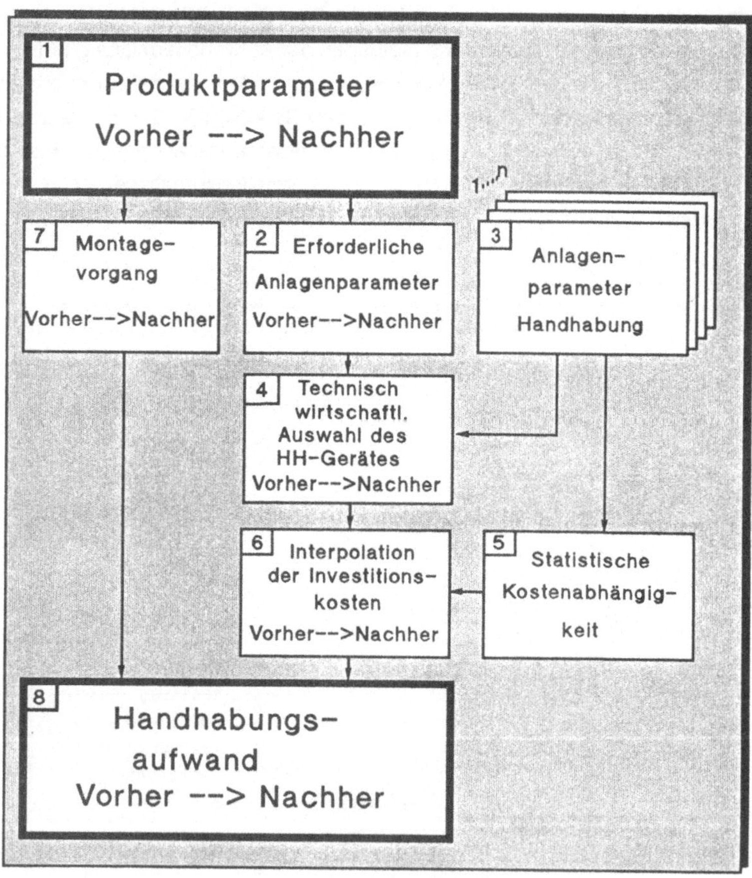

Bild 4.2: Systematik zur Ermittlung des Handhabungsaufwandes

Die Produktparameter ziehen einen eindeutigen Aufwand an notwendiger Anlagentechnik nach sich, was über die Investitionskosten direkten Einfluß auf den Handhabungsaufwand hat. Für die Ermittlung der geeigneten Anlagentechnik erweist sich ein logisch-systematisches Vorgehen am geeignetsten. Für die genaue Investitionsermittlung dieser Anlagentechnik empfiehlt sich eine statistische Vorgehensweise, wobei sich die abschließende Ermittlung des Handhabungsaufwandes am geeignetsten durch eine klassische Bewertungsmethode, nämlich die Maschinenstundensatzrechnung realisieren läßt. Es zeigt sich hierbei, daß die Zielsetzung, allein auf Produktparametern basierend den Handhabungsaufwand zu ermitteln, erreicht werden kann.

4.1. Quantifizierung der Handhabungskomplexität

Die Komplexität eines Montagevorganges steht in einem direkten Zusammenhang zu den Anforderungen, die an die Anlagentechnik des Montagesystems gestellt werden. Die entscheidenden Parameter, die über den anforderungsgerechten Einsatz eines flexibel automatisierten Handhabungsgeräts Ausschlag geben, sind:

- Kinematik
- Steuerung
- Anzahl Achsen
- Reichweite
- Positioniergenauigkeit
- Traglast
- Maximale Verfahrgeschwindigkeit

Inwieweit diese Anlagenparameter in einer funktionalen Abhängigkeit stehen, wird in Bild 4.3 qualitativ dargestellt und im folgenden detailliert aufgezeigt. (Bild 4.2 Punkt 2)

Erforderliche Anlagenparameter		Produktparameter												
		l,b,h	m	FF	RF	TF	VR	Empf	Form	ØV, lV	nV	VA		
		Größe	Masse	Fügekraft	Fügerichtung	Fügegenauigkeit	Verrichtung	Empfindlichkeit	Form	Größe V-Element	Anzahl V-Element	Art der Verbindung		Teilebereitstellung
K!	Kinematik				●		●							
St!	Steuerung				●		●							
Az!	Anzahl Achsen				●		●		●					●
Rw!	Reichweite	●												●
Pg!	Pos.Genauigkeit					●	●		●					
TL!	Traglast		●	●										
V!	Max.geschw.													

Bild 4.3: Funktionelle Abhängigkeit der erforderlichen Anlagenparameter von den Produktparametern

Die in Bild 4.3 aufgeführte maximale Verfahrgeschwindigkeit ist zwar ein häufig genanntes Einsatzkriterium für Industrieroboter, es können aber bezüglich dieses Anlageparameters keine Anforderungen aufgrund der Produktparameter entstehen.
An dieser Stelle sei schon darauf hingewiesen, daß, wie in Bild 4.3 ersichtlich, die Art der Teilebereitstellung eines Teiles ebenfalls einen funktionalen Einfluß auf Anzahl der Achsen und Reichweite hat. Die Festlegung der Teilebereitstellung wird in Kap. 5 beschrieben.

4.1.1. Kinematik

Für die erforderliche Kinematik K! gilt:
Wenn die Verrichtung VR eine lineare und einachsige Bewegung aufweist und die Fügerichtung RF senkrecht von oben oder linear waagerecht verläuft, dann ist K! = SCARA. Ist diese Bedingung nicht erfüllt, dann gilt K! = NSCARA.

4.1.2. Steuerung

Dieser Anlagenparameter legt fest, ob das Handhabungsgerät in der Lage sein muß, räumlich gekrümmte, geometrische Fügebewegungen ausführen zu können, oder ob eine rein lineare Bewegung ausreicht.
Es gilt, wenn die Verrichtung VR linear ist und die Fügerichtung RF in einer Achsrichtung liegt:

$$St! = PTP.$$

Ist VR gekrümmt oder RF schräg im Raum, dann gilt:

$$St! = BAHN.$$

4.1.3. Positioniergenauigkeit

Die vom Roboter geforderte Positioniergenauigkeit Pg! wird mit einem Sicherheitsfaktor von 2 gegenüber der im Rahmen der Montageaufgabe erforderlichen Fügegenauigkeit TF angesetzt, also:

$$Pg! = 0{,}5 \cdot TF$$

mit Pg!: erforderliche Positioniergenauigkeit in mm
TF: geforderte Fügegenauigkeit in mm

4.1.4. Anzahl der Achsen

Die erforderliche Achszahl Az! für das Handhabungsgerät ist abhängig von der Symmetrie des Einzelteils sowie der notwendigen Fügebewegung. Im allereinfachsten Fall reicht eine horizontale in Verbindung mit einer vertikalen Achse aus, um den Montagevorgang durchzuführen. Mit einem solchen zweiachsigen Gerät kann jedoch nur ein rotationssymetrisches Teil aus einer Teilebereitstellungseinrichtung mit Vereinzelung entnommen und linear von oben gefügt werden. Bei komplexeren Verhältnissen läßt sich die Achszahl folgender Matrix entnehmen.

Fügeteilsymmetrie	rotations-symmetrisch	rotations-symmetrisch	un-symmetrisch	un-symmetrisch
Bereitstellung / Füge-richtung	vereinzelt	flächig	vereinzelt	flächig
linear von oben	2	3	3	4
Schräg und kombin. Bewegung	4	4	5	5
Linear von oben mit Drehung	3	3	3	3
Schräg mit Drehung	4	5	4	5
Schräg mit Drehung und Kippen	5	6	5	6

Bild 4.4: Aufgrund Produktparameter notwendige Achszahl für Industrieroboter

4.1.5. Reichweite

Die notwendige Reichweite des Handhabungsgerätes Rw! ist in erster Linie abhängig von der Größe des Produkts sowie von der Bereitstellungsart der Fügeteile.
Bei einer punktförmigen Bereitstellung mit Teilevereinzelung kann von einer minimalen Reichweite ausgegangen werden, die sich aus dem doppelten Kantenmaß des Basisteils und dem Kantenmaß des Fügeteils errechnet. Der doppelte Wert der Basisteilgröße ergibt sich aus der realistischen Abschätzung der Produktflußbreite (z.B. Doppelgurtband).

$$Rw = 2 \cdot \min (l_B, b_B) + \min (l_F, b_F)$$

mit l_B: Länge des Basisteils in mm; l_F: Länge des Fügeteils in mm
b_B: Breite des Basisteils in mm; b_F: Breite des Fügeteils in mm

Bei einer flächigen Bereitstellung kommt zu der Produktflußbreite der Anteil der Bereitstellungsfläche (z.B. einer Palette) hinzu. Unter der Annahme einer fünfminütigen Bereitstellungsverfügbarkeit ergibt sich die Bereitstellungsmenge:

$$Bm = \frac{n}{12 \cdot TN}$$

mit Bm: Bereitstellungsmenge für fünf Minuten n: Jahresstückzahl
TN: jährliche Nutzungszeit in h

Für die Reichweite kann neben der o.g. Produktflußbreite noch die Diagonale einer für diese Menge notwendigen quadratischen Bereitstellungsfläche hinzuaddiert werden. Somit ergibt sich für die Reichweite bei flächiger Bereitstellung:

$$Rw = 2 \cdot \min(l_B, b_B) + \sqrt{\frac{l_F \cdot b_F \cdot n}{5 \cdot TN}}$$

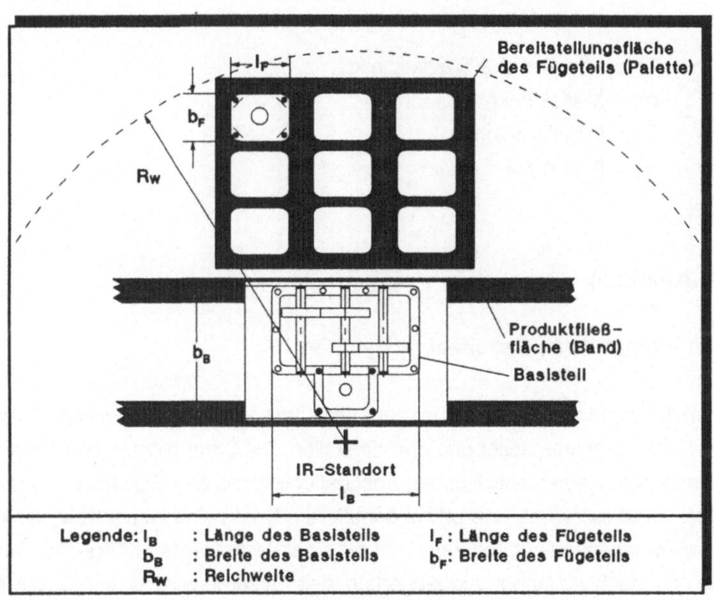

Bild 4.5: Geometrieverhältnisse zwischen IR-Reichweite und Bauteilgröße.

4.1.6. Traglast

Unter der Voraussetzung, daß Fügevorgänge in der Montage üblicherweise von oben nach unten bzw. in seitlicher Richtung erfolgen, ergibt sich die erforderliche Traglast des Handhabungsgerätes TL! durch Maximum-Auswahl von Gewichtskraft des zu montierenden Teils und der notwendigen Fügekraft FF.

$$TL! = \max\left(m; \frac{FF}{g}\right)$$

mit TL!: erforderliche Traglast in kg
m: Masse in kg
FF: Fügekraft in N
g: 9.81 m/s^2

4.2. Geräteauswahl

4.2.1. Parameterprofil von Handhabungsgeräten

Die in Kapitel 4.1 zugeordneten Anlagenparameter lassen sich für sämtliche Geräte ermitteln und in einer systematischen Form darstellen. Die Datenblöcke, hier Parameterprofile genannt, müssen zusätzlich den Anschaffungspreis des Gerätes beinhalten. Da diese Datei mit ihren vorab und offline generierten Daten eine wesentliche Grundlage der Berechnungssystematik darstellt, ist mit einer permanenten Pflege der Daten die Anforderung nach einfacher Aktualisierung des Gesamtsystems erfüllt. Die Systematik bleibt von der Aktualisierung unberührt.
Bild 4.6 zeigt die beispielhafte Darstellung eines Parameterprofils. (Bild 4.2 Punkt 3)

IR-Hersteller		BOSCH	K!	Kinematik	N-SCARA
IR-Typ		SR 800	St!	Steuerung	BAHN
Az!	Anzahl Achsen		1 2 3 4 5 6 7 8		
Rw!	Reichweite	mm	400 800 1200 1600 2000 2100 2800 3200		
Pg!	Pos.genauigk.	mm	10^{-3} 10^{-2} 10^{-1} 1 10		
TL!	Traglast	kg	10 20 30 40 50 60 70 80		
V!	Max. Geschw.	m/s	1 2 3 4		
PIR	Anschaffungspreis		76 500,- DM		

Bild 4.6: Beispielhafte Darstellung des Parameterprofils eines Industrieroboters

4.2.2. Auswahlkriterien

Stellt man der Vielzahl der Parameterprofile von Handhabungsgeräten ein gemäß Kapitel 4.1 generiertes Anforderungsprofil gegenüber, so wird deutlich, daß aus technischer Sicht generell mehrere Geräte in Frage kommen. Die Einzelparameter müssen dabei eine volle Überdeckung durch die im Parameterprofil der Geräte gezeigten Anwendungsbereiche aufweisen. Das Anforderungsprofil eines Gehäusedeckels aus Aluminium zeigt Bild 4.7.

Der Gehäusedeckel muß aus einer flächigen Bereitstellung entnommen und schräg aufgesetzt werden. Die Toleranzen für die Verschraubungen betragen 0,2 mm und der Fügevorgang kann eine Kraft von 50 N erforderlich machen.

Die eindeutige Geräteauswahl erfolgt in zwei Stufen, wobei das Kriterium der ersten Auswahl die technisch möglichen Geräte ermittelt und das Kriterium der zweiten Auswahl hieraus das Gerät mit den geringsten Investitionskosten zum Ergebnis hat. (Bild 4.2 Punkt 4)

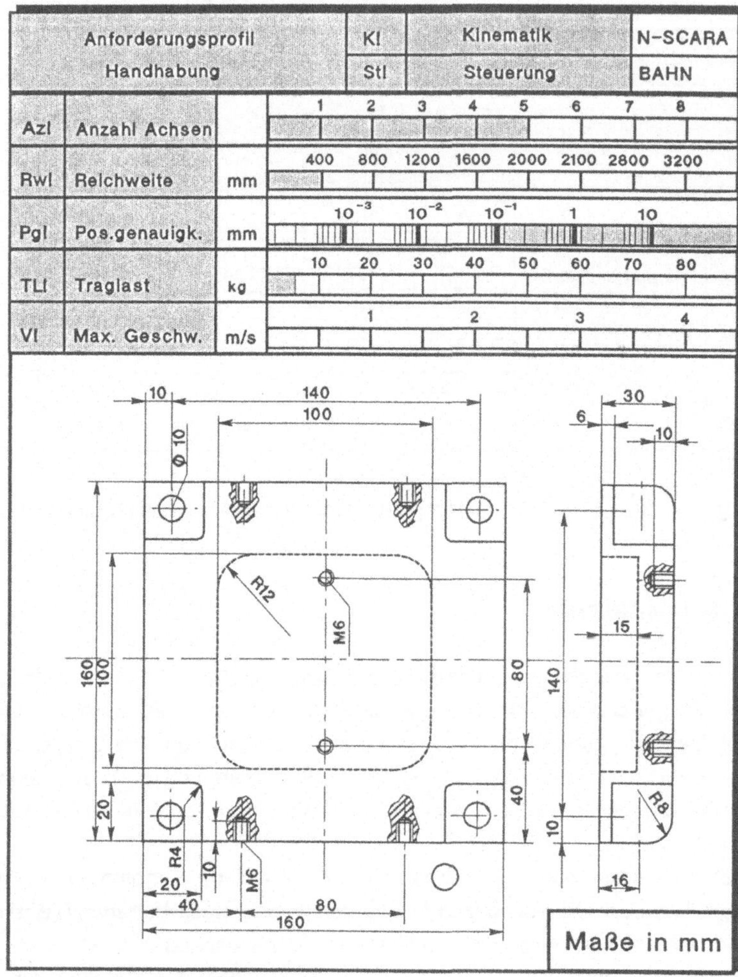

Bild 4.7: Beispielhafte Darstellung eines Anforderungsprofils zur Montage eines Gehäusedeckels.

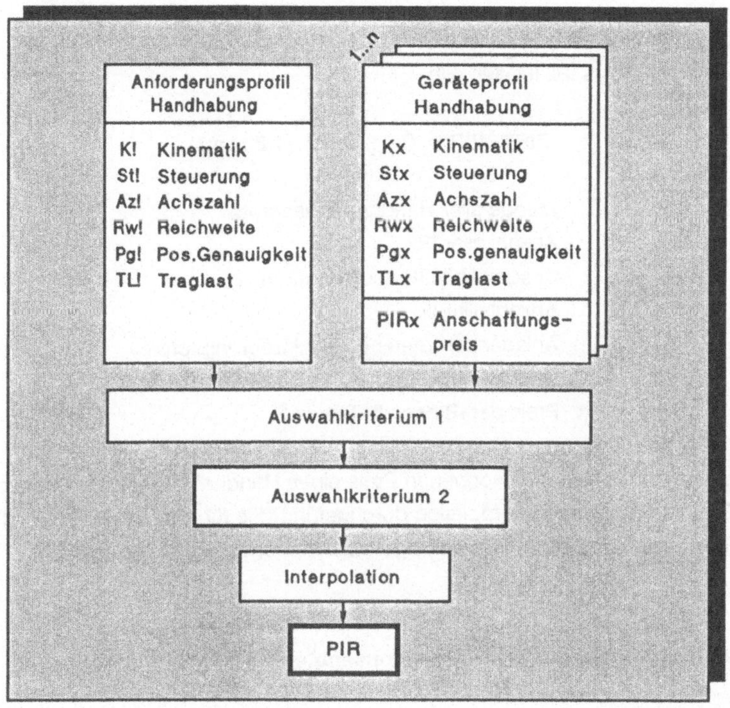

Bild 4.8: Technisch-wirtschaftliche Auswahl von Handhabungsgeräten

Auswahlkriterium 1:
Selektion aller IRi aus IRx, für die gilt:

$$(Kx = K!) \text{ UND } (Stx = ST!) \text{ UND } (Azx \geqq Az!) \text{ UND}$$
$$(Rwx \geqq Rw!) \text{ UND } (Pgx \leqq Pg!) \text{ UND } (TLx \geqq TL!)$$

$$\text{für } x = [1,2, ..., n]$$

<u>Auswahlkriterium 2:</u>
Selektion des IR* aus IRi, für den gilt:

$$PIR^* - PIRi < 0 \qquad \text{für } i = [1,2 \ldots m]$$

mit		
mit	IRx:	Menge aller Handhabungsgeräte
	n:	Anzahl aller IRx
	IRi:	Ausgewählte IR nach Kriterium 1
	m:	Anzahl aller IRi
	K!, St!...TL!:	Anlagenparameter aus Anforderungsprofil
	PIRi:	Preise von IRi
	PIR*:	Preis der IR nach Kriterium 2

Mit dem aus den Kriterien gewonnenen Preis eines Handhabungsgerätes wird die in <u>Bild 4.2</u> Punkt 6 erwähnte Interpolation durchgeführt. Sie führt zu einem Angleich der Investitionskosten und entspricht somit genau den Montageanforderungen.

4.3. Anforderungsgerechter Investitionsangleich

Zieht man für die Ermittlung des Handhabungsaufwands und des damit verbundenen Ratiopotentials allein die in Kapitel 4.2 gewonnenen Investitionskosten heran, so erhält das Ergebnis eine starke Abhängigkeit von den derzeit am Markt befindlichen Geräten. Dies widerspricht jedoch der generellen Zielsetzung, ein System zur Quantifizierung des Ratiopotentials, also des theoretisch möglichen Wertes zu generieren. Sicherlich müssen sich die Grunddaten am Markt orientieren. Es darf aber nicht der Fall eintreten, daß durch die Tatsachen, daß bei einem Anforderungsprofil für das derzeit kein geeignetes Gerät am Markt zur Verfügung steht, das theoretisch mögliche Ratiopotential nicht ermittelt werden kann. Deshalb wird gemäß einer statistischen Investitionskostenabhängigkeit der Preis des ausgesuchten Gerätes den konkreten Anforderungen angepaßt. Mit dieser Maßnahme ist es möglich, einer Produktgestaltungsmaßnahme ein Ratiopotential zuzuordnen, auch wenn dabei die Anforderungen keinen Wechsel des ausgesuchten Handhabungsgerätes ergeben. Inwieweit das Ratiopotential erschlossen werden kann, liegt u.a. daran, ob das passende Gerät am Markt erhältlich ist.

4.3.1. Multiple lineare Regression

Die kausale Kostenermittlung von Handhabungsgeräten stellt eine mehrdimensionale, mathematische Abhängigkeit zu den oben genannten Anlagenparametern dar. Dazu werden die Daten eines Großteils der am Markt befindlichen Montageroboter aufgenommen und über ein statistisches Verfahren ausgewertet. Systematische Fehler durch kostenrelevante aber nicht quantifizierbare Einflüsse wie z.B. Markenimage, werden dabei bewußt in Kauf genommen. Diese werden einerseits durch das statistische Verfahren vermittelt, andererseits fallen sie dadurch wenig ins Gewicht, da die Ratioberechnung eine Differenzbetrachtung darstellt, bei der der Fehler in der Ausgangsgröße und im Subtrahenten gleichermaßen enthalten ist. Die Basis für die Einflußanalyse stellen die Daten von 56 Montagerobotern aus /65/ dar.
Für eine systematische Analyse der vorliegenden Daten und die kausale Kostenermittlung bietet sich die Methode der Regression an. Dabei wird über eine Optimierung des Fehlers eine Berechnungsformel für die abhängige Variable erstellt. (Bild 4.2 Punkt 5)
Bei der univarianten linearen Regressionsanalyse wird ein Modell aufgestellt, das durch eine Punkteschar im Achsenkreuz eine Gerade so legt, daß die Summe der Residuen, also der Differenzen zwischen den beobachteten und den durch das Modell vorhergesagten Werten, minimiert wird. Der verbreitetste Ansatz dazu ist die Methode der kleinsten Fehlerquadrate (least squares) /66,67/. Bei der multivarianten Analyse erfolgt diese Annäherung durch lineare Superposition von Ausgleichsgeraden im n-dimensionalen Raum.
Dabei wird davon ausgegangen, daß die einzelnen unabhängigen Variablen untereinander unabhängig sind. Da dies im vorliegenden Fall nicht vollständig der Fall sein wird, ist zumindest zu fordern, daß die Korrelation zwischen den unabhängigen Variablen relativ klein ist, ansonsten darf die entsprechende Variable nicht in die Korrelation einbezogen werden.
Die Analyse der Montageroboterdaten erfolgte mit Hilfe des Programmpaketes SPSSX, "Statistics Program for the Social Sciences". Die Untersuchung der Korrelationsmatrix zeigt, daß vor allem die Variablen Nennlast und Achszahl großen Einfluß auf den Preis haben. Während Reichweite und Positioniergenauigkeit nur noch einen minimalen Einfluß auf das Ergebnis haben, ist die Geschwindigkeit vernachlässigbar. Die negative Korrelation von Geschwindigkeit und Preis ist durch die Interdependenz der unabhängigen Variablen, vor allem mit Achszahl und Nennlast (beide negativ), zu erklären. In der weiteren Untersuchung kann deshalb die Geschwindigkeit als preis-

bestimmende Variable ausgeklammert werden.
Die genauere Analyse der Residuen ergibt einen offensichtlichen und vorhergesehenen Trend: Roboter in Scara-Bauweise liegen tendentiell unter dem geschätzten Wert, die übrigen darüber, was demzufolge zu zwei unterschiedlichen Modellen führt.

Aufgrund der nun stark geschrumpften Grundgesamtheit erfolgt diese Analyse nur im Hinblick auf die signifikantesten Variablen, Achszahl und Nennlast. Der eher geringe Einfluß von Baugröße und Positioniergenauigkeit wird unter Korrektur der Konstanten aus der vorhergehenden Gesamtanalyse übernommen.
Somit ergibt sich das folgende Modell für die Abhängigkeit der Preise der Montageroboter von den Handhabungsmerkmalen in Form einer linearen Gleichung:

$$\boxed{PIR = A \cdot TL + B \cdot Az + C \cdot Rw + \frac{D}{Pg} + E}$$

mit:
- PIR: Preis eines IR in DM
- TL: Traglast in kg
- Az: Achszahl
- Rw: Reichweite in mm
- Pg: Positioniergenauigkeit in mm

Für die Koeffizienten A...E ergeben sich dabei unterschiedliche Werte für Scara- und Nicht-Scara Roboter.

<u>Für Scara-Bauweise:</u>

A	B	C	D	E
$1007 \frac{DM}{kg}$	8389 DM	$1{,}7 \frac{DM}{mm}$	$\frac{703}{Pg}$ DM · mm	13804 DM

<u>Für Nicht-Scara Bauweise:</u>

A	B	C	D	E
$1111 \frac{DM}{kg}$	15092 DM	$1{,}7 \frac{DM}{mm}$	$\frac{703}{Pg}$ DM · mm	19682 DM

4.3.2. Fehlerabschätzung der Regressionsergebnisse

Das erwähnte Verfahren der "least squares"-Analyse geht davon aus, daß die Residuen normalverteilt sind. Bei adäquatem Modell muß sich ein Mittelwert von Null und eine konstante Varianz ergeben. Als Abschätzung zur Erfüllung dieser Voraussetzung dient ein Histogramm der Residuen im Vergleich mit der zu erwartenden Normalverteilung.

Trägt man die Verteilung der Residuen über der zu erwartenden Normalverteilung auf, so muß sich das Ergebnis möglichst gut einer Gerade annähern, damit die Voraussetzung normalverteilter Residuen als erfüllt angesehen werden kann.

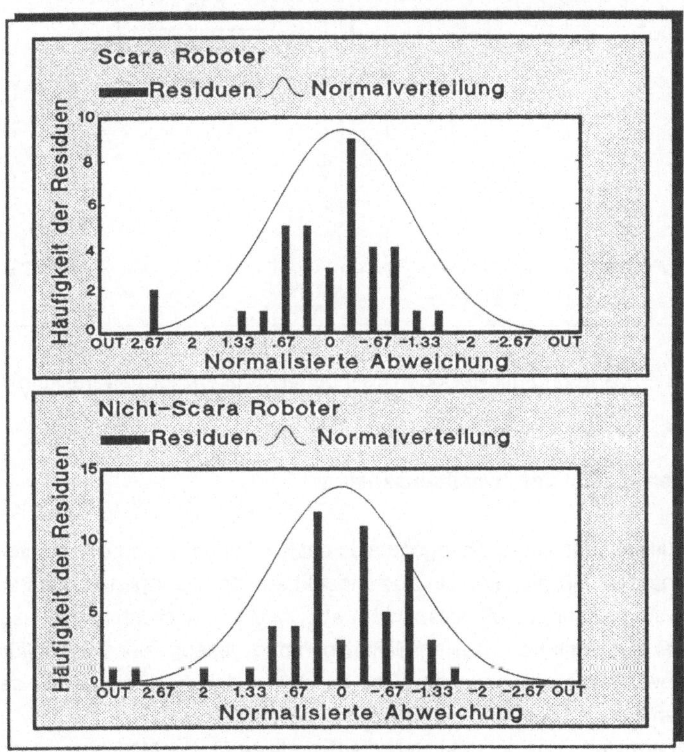

Bild 4.9: Histogramm des ermittelten Modells

Die Analyse der Residuen ergibt eine gut angenäherte Normalverteilung, wie das Histogramm in Bild 4.9 zeigt. Abgesehen von wenigen Ausreißern liegt der so ermittelte relative Fehler unter 20%. Das ermittelte Modell kann somit im Sinne der Zielsetzung als genügende Annäherung betrachtet werden. Die verbleibenden Fehler des entwickelten Modells lassen sich durch den Einfluß nicht quantifizierbarer Parameter wie Ausstattungsumfang, Serviceleistungen, Marktimage der Firma etc. erklären.

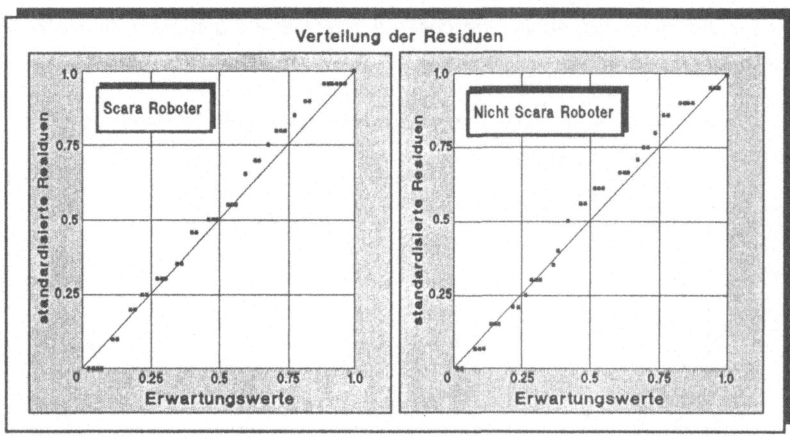

Bild 4.10: Verteilung der Residuen über der erwarteten Normalverteilung

4.3.3. Interpolation der Investitionskosten

Mit der Auswahl des Handhabungsgerätes nach Kriterium 2 und der ermittelten Kostenabhängigkeit läßt sich nun ein Kostenpunkt ermitteln, der genau den Parameterwerten im Anforderungsprofil entspricht. Dabei wird auf einer Interpolationsgeraden, die parallel zur ermittelten Kostenrelationsgeraden verläuft, der Anschaffungspreis des ausgewählten Handhabungsgerätes so weit verschoben, bis genau der geforderte Parameterwert des Anforderungsprofils geschnitten wird.

Der somit ermittelte Kostenpunkt stellt die Grundlage für die Maschinenstundensatzrechnung dar (Bild 4.2 Punkt 6).

Er berechnet sich wie folgt:

$$PIR = PIR^* - A \cdot (TL^*\text{-}TL!) - B \cdot (Az^*\text{-}Az!) - C \cdot (Rw^*\text{-}Rw!) - D \cdot \left(\frac{1}{Pg^*} - \frac{1}{Pg!}\right)$$

mit PIR*...Pg*: Parameter des ausgewählten Gerätes
TL!...Pg!: Anforderungsprofil
PIR: Interpolierter Preis eines anforderungsgerechten Geräts in DM

Koeffizienten für Scara-Roboter:

A	B	C	D
$1007 \frac{DM}{kg}$	8389 DM	$1{,}7 \frac{DM}{mm}$	$\frac{703}{Pg}$ DM · mm

Koeffizienten für Nicht-Scara-Roboter:

A	B	C	D
$1111 \frac{DM}{kg}$	15092 DM	$1{,}7 \frac{DM}{mm}$	$\frac{703}{Pg}$ DM · mm

4.4. Quantifizierung der Handhabungsdauer

Neben der Handhabungskomplexität ist die Dauer eines Montagevorganges die zweite entscheidende Bewertungsgröße. Gegenüber der manuellen Montage, bei der ein gewisser Standard über MTM, Refa oder Work-Factor erzielt werden konnte, stellt dies bei der flexibel automatisierten Montage einen weitaus komplexeren Sachverhalt dar.
Mehrere Ansätze zur Quantifizierung haben gezeigt, daß die kinetischen Größen eines Industrieroboters innerhalb des Arbeitsraumes variieren und daß die Taktzeiten stark von planerischen Voraussetzungen und programmiertechnischem Geschick abhängen.

Das in /68/ beschriebene Verfahren zur Ermittlung von Taktzeiten in der Montage stellt ein Hilfsmittel dar, mit dem Taktzeiten über Anordnungsvarianten innerhalb des Arbeitsraumes optimiert und quantifiziert werden können. Es ist ein spezielles Planungshilfsmittel, für das vorliegende Problemfeld aber zu aufwendig.

Die in /69/ durchgeführten Untersuchungen haben gezeigt, daß wiederum die Anordnung im Arbeitsraum weitaus mehr über die Taktzeit entscheidet als beispielweise der für die Teilehandhabung zurückzulegende Weg. Es wurden aufgrund kinematischer und dynamischer Untersuchungen sog. Linien gleicher Taktzeiten im Arbeitsraum ermittelt, bei denen allein das Überfahren der Linien, nicht aber der zurückgelegte Verfahrweg die Taktzeit bestimmt. Die optimale Taktzeit wird entlang der ermittelten Trajektorien erzielt.

Unter der Voraussetzung einer planerischen Optimierung kann deshalb davon ausgegangen werden, daß der Verfahrweg keine entscheidende Taktzeitbeeinflussung ausübt.

Der Einfluß, den das zu handhabende Gewicht auf die Taktzeit ausübt, wurde u.a. in /70/ untersucht und experimentell ermittelt.

Es hat sich gezeigt, daß Scara-Robotern, die im Vergleich auf ihre Taktzeit hin getestet wurden, bis zum Erreichen der Traglastgrenze eine maximale Erhöhung der Taktzeit um 20% erfahren. Die unterschiedlichen Verfahrzyklen lassen dabei den Schluß zu, daß die Taktzeitverlängerung bei größerem Handhabungsgewicht lediglich im Bereich des Holens, d.h. bei der Handhabung vom Teilebereitstellungsort zum Fügeort entsteht und nicht beim eigentlichen Fügen. Es liegt somit nahe, den Montagevorgang in Einzelschritten temporär zu quantifizieren und dabei nur den Bereich des "Holens" gewichtsabhängig zu gestalten.

Unter folgenden Einschränkungen läßt sich somit eine Taktzeittabelle mit standardisierten Mittelwerten aufstellen:

- Voraussetzung der planerischen Optimierung
- Voraussetzung programmiertechnischer Optimierung
- Differenzierung zwischen Scara- und Nicht-Scara Roboter
- Modulare Zeitbausteine

4.4.1. Quantifizierung der Einzelvorgänge

Die in Bild 4.11 dargestellten Montagezeit-Module für die Abschnitte: Holen und Fügen wurden z.T. aus /70/ übernommen, im weiteren experimentellen Versuch sowie über Interpolation ermittelt. Sie beziehen sich zum einen auf 4-achsige Horizontalknickarmroboter (SCARA) und zum anderen auf 6-achsige Vertikalknickarmroboter (NSCARA). Die Vorgangsbegriffe sind der DIN 8593 entnommen.
Die als Zusatzverrichtungen definierten Montagevorgänge entstanden ebenfalls im experimentellen Versuch bzw. basieren auf Erfahrungswerten. Für die Anwendung im Gesamtsystem muß darauf geachtet werden, daß die Tabelle erweiterbar und für persönliche Erfahrenswerte offen ist.

Montagezeit-Module für Industrieroboter (I)			
Holen		Horizontal-Knickarm-Roboter (HKR)	Vertikal-Knickarm-Roboter (VKR)
Vorgang	Unterteilung	Zeit	Zeit
Holen	0...1 kg	1,5 s	2,4 s
	1...3 kg	1,8 s	2,4 s
	3...5 kg	2,0 s	2,5 s
	5...8 kg	2,2 s	2,7 s

Fügen			HKR	VKR
Vorgang		Unterteilung	Zeit	Zeit
Auflegen			0,4 s	0,7 s
Lineares Einsetzen	1	Hub < 30 mm großes Fügespiel	0,5 s	1,0 s
	2	Hub 30...80 mm großes Fügespiel	0,7 s	1,2 s
	3	Hub > 80 mm großes Fügespiel	0,9 s	1,4 s
	4	Hub < 30 mm genaues Feinpos.	0,7 s	1,3 s
	5	Hub 30...80 mm genaues Feinpos.	0,9 s	1,5 s
	6	Hub > 80 mm genaues Feinpos.	1,1 s	1,7 s
Einpressen			0,8 s	0,6 s
Überstülpen		Ringförmiges Aufschieben	1,3 s	1,3 s
Verschieben			0,8 s	0,9 s
Drehen	1	0°...90°	0,5 s	0,7 s
	2	90°...360°	0,9 s	1,1 s
	3	360°...720°	1,5 s	1,7 s
Kippen			0,5 s	0,5 s
Einrasten			0,5 s	0,5 s

Bild 4.11.1: Montagezeitmodule für Industrieroboter

Montagezeit-Module für Industrieroboter (II)

Fügen		HKR	VKR
Vorgang	Unterteilung	Zeit	Zeit
Einhängen		1,0 s	1,2 s
Klemmend Aufschieben		0,9 s	0,9 s
Umbiegen		0,5 s	0,5 s
Aufspreizen		0,8 s	0,8 s
Verschrauben		2,2 s	2,8 s

Zusatzverrichtung			HKR	VKR
Vorgang		Unterteilung	Zeit	Zeit
Justage	1	Kurz	1,1 s	1,1 s
	2	mittel	1,8 s	1,8 s
	3	aufwendig	2,6 s	2,6 s
Suchen der Winkel-orientierung	1	Eine auf 360°	1,8 s	1,8 s
	2	2...3 auf 360°	1,0 s	1,0 s
	3	> 3 auf 360°	0,8 s	0,8 s
Prozess-verweilzeit	1	Kurz	2,0 s	2,0 s
	2	mittel	3,5 s	3,5 s
	3	aufwendig	6,0 s	6,0 s
Eintauchen			1,5 s	1,5 s
Wenden			1,4 s	1,4 s
Auftragen bzw. Beschichten	1	punktförmig	1,8 s	1,8 s
	2	linienförmig	3,8 s	3,8 s
	3	flächig		
Werkzeugwechsel			3,0 s	3,0 s

Bild 4.11.2: Montagezeitmodule für Industrieroboter

4.4.2. Systematik der Aufsummierung

Es muß gewährleistet sein, daß wie in Bild 4.12 dargestellt, jeder Montagevorgang durch Addition bzw. Kombination der Zeitmodule definierbar ist.

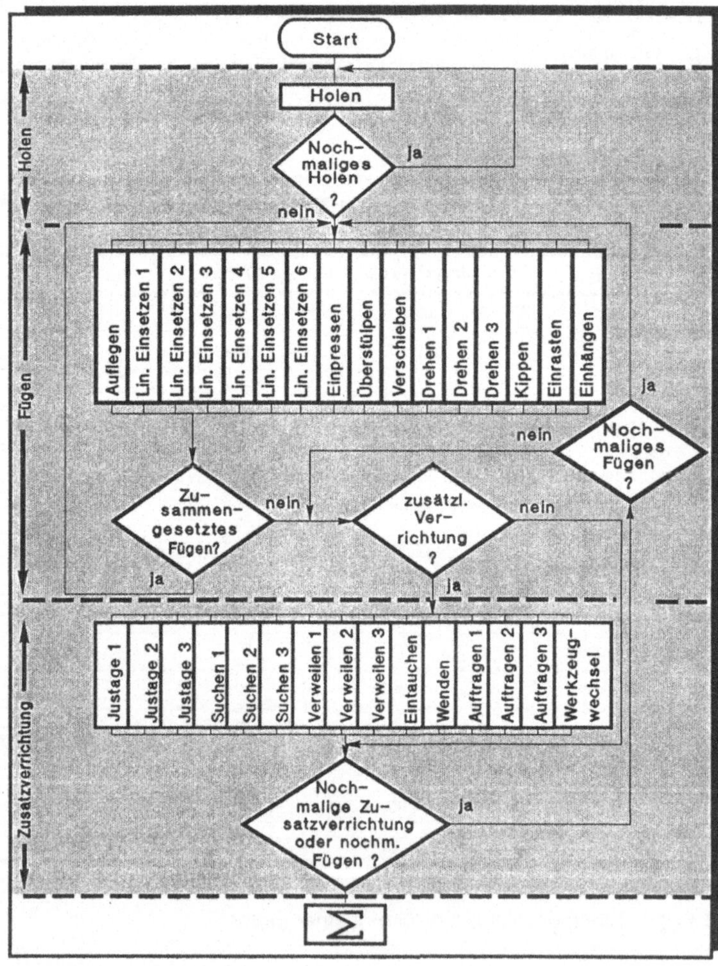

Bild 4.12: Vorgehensweise zur Aufsummierung der Montagezeit-Module

Dies setzt voraus, daß ein mehrmaliges Holen, z.B. mittels eines Revolvergreifers, möglich ist, und daß die Kombination von Vorgängen aus dem Bereich des Fügens zu beliebig komplexen Montageoperationen möglich ist. Es ist völlig irrelevant, in wievielen Roboterstationen diese Montagevorgänge durchgeführt werden, da eine reine Aufwandsbetrachtung analog der manuellen Vorgabezeit zugrunde liegt. (Bild 4.2 Punkt 7)

4.5. Ermittlung des Handhabungsaufwandes

Die Quantifizierung des Handhabungsaufwandes läßt sich unter Verwendung der in 4.3 und 4.4 ermittelten Abhängigkeiten in Form einer Maschinenstundensatzrechnung für Industrieroboter durchführen. Die allgemeingültige Formel lautet gemäß /21/ hierbei:

$$KMH = \frac{K_A + K_Z + K_R + K_E + K_I}{T_N}$$

mit KMH: Maschinenstundensatz in DM/h

K_A: Abschreibungskosten pro Jahr in DM

K_Z: Zinskosten pro Jahr in DM

K_R: Raumkosten pro Jahr in DM

K_E: Energiekosten pro Jahr in DM

K_I: Instandhaltungskosten pro Jahr in DM

T_N: Jährliche Nutzungszeit in Stunden

Entgegen dem im Maschinenbau üblichen Ansatz, daß bei komplexen Fertigungseinrichtungen die gesamten Kosten der Anlage erfaßt und gemeinsam verrechnet werden, wird hier für die Handhabung allein der Industrieroboter betrachtet und die Anlagenperipherie separat in Kap. 5 und 6 berücksichtigt.
Für die jeweiligen Einzelkosten werden folgende auf Erfahrungswerten beruhenden Annahmen getroffen und für die Berechnung festgelegt:

K_A: Lineare Abschreibung der Investitionskosten über 8 Jahre

K_Z: Verzinsung der halben Investitionskosten mit 10% pro Jahr

K_R: Platzbedarf einer IR-Zelle = 10 m^2;
Anfallende Kosten pro Jahr: 110 DM/m^2

K_E: Durchschnittliche Leistungsaufnahme eines IR bei 60%:
Leistungsaufnahme = 3 kW;
Strompreis = 0,25 DM/kWh

K_I: Die Hälfte der jährlichen, kalkulatorischen Abschreibung

T_N: 220 Arbeitstage/Jahr und 8h/Schicht;
n-Schichtbetrieb; 80%ige Auslastung;

somit ergibt sich für den Maschinenstundensatz eines Industrieroboters:

$$KMH = \frac{1}{N} \cdot 0{,}16513 \cdot 10^{-3} \frac{1}{h} \cdot KINV + \frac{1}{N} \cdot 0{,}78125 \frac{DM}{h} + 0{,}9375 \frac{DM}{h}$$

mit KMH: Maschinenstundensatz in DM/h
KINV: Investitionskosten für Industrieroboter in DM
N: Anzahl der Schichten pro Tag

Die Investitionskosten KINV sind mit dem in Kap. 4.3.3 ermittelten Anschaffungspreis PIR gleichzusetzen.
Der zu quantifizierende Handhabungsaufwand AHH stellt ein Produkt aus obigem Maschinenstundensatz und der für einen Montagevorgang notwendigen Verrichtungszeit TV dar.

$$AHH = KMH \cdot TV$$

mit AHH: Handhabungsaufwand in DM
KMH: Maschinenstundensatz in DM/h
TV: Verrichtungszeit in h

Das Ratiopotential durch montagegerechte Produktgestaltung wird dabei durch eine Reduzierung der Investitionskosten bzw. der Verrichtungszeit und damit des Handhabungsaufwandes erzielt. Somit errechnet sich das Ratiopotential mit folgender Gleichung:

$$RPHH = \frac{1}{N} \cdot 4{,}587 \cdot 10^{-8} \cdot (PIR_1 \cdot TV_1 - PIR_2 \cdot TV_2)$$

$$+ \frac{1}{N} \cdot 2{,}170 \cdot 10^{-4} \cdot (TV_1 - TV_2) + 2{,}604 \cdot 10^{-4} \cdot (TV_1 - TV_2)$$

mit RPHH: Ratiopotential der Handhabung in DM pro Montagevorgang

PIR_1: Investitionskosten für einen IR vor der Produktgestaltung in DM

PIR_2: Investitionskosten für einen IR nach der Produktgestaltung in DM

TV_1: Verrichtungszeit in s vor der Produktgestaltung

TV_2: Verrichtungszeit in s nach der Produktgestaltung

N: Anzahl der Schichten pro Tag

Diese Gleichung läßt sich in einem Diagramm darstellen, in dem die Investition für einen IR gegenüber der Verrichtungszeit für einen Montagevorgang aufgetragen ist. Die in Bild 4.13 dargestellte Kurvenschar ermöglicht es, für einen Montagevorgang mit konkreter Komplexität und bestimmter Verrichtungsdauer, den Montageaufwand direkt abzulesen.
Eine Reduzierung der Komplexität (PIR) oder der Verrichtungsdauer (TV) ergibt eine Verschiebung auf der entsprechenden Achse und damit verbunden eine andere Kurve des Handhabungsaufwandes. Die Differenz stellt das Ratiopotential dar.

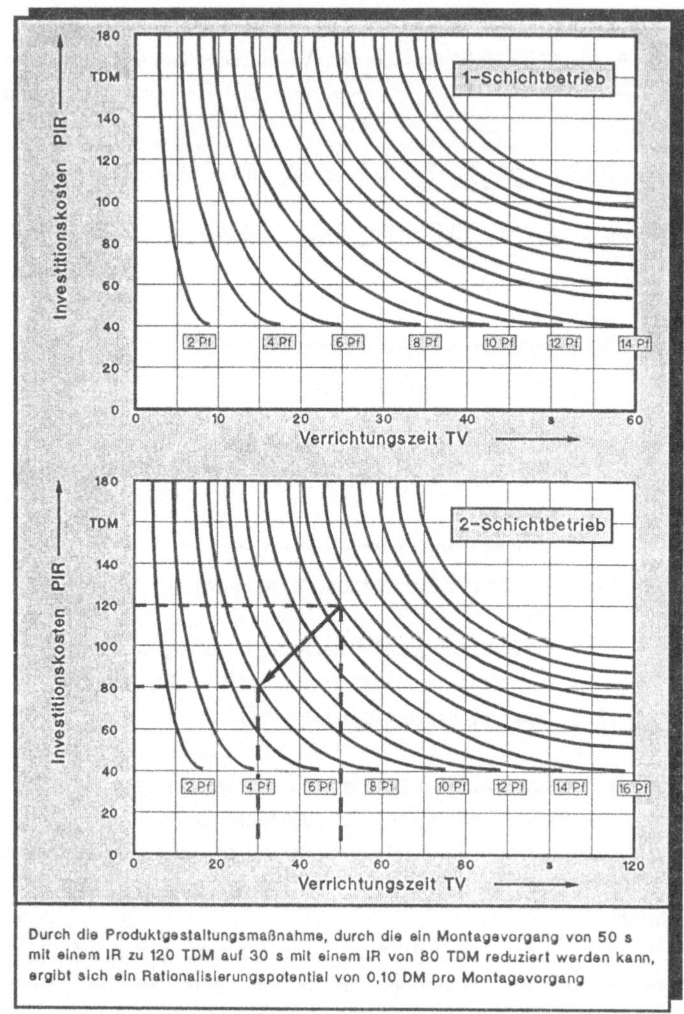

Durch die Produktgestaltungsmaßnahme, durch die ein Montagevorgang von 50 s mit einem IR zu 120 TDM auf 30 s mit einem IR von 80 TDM reduziert werden kann, ergibt sich ein Rationalisierungspotential von 0,10 DM pro Montagevorgang

Bild 4.13: Handhabungsaufwand eines Montagevorgangs in Abhängigkeit von der IR-Investition und der Verrichtungszeit für 1- und 2- Schichtbetrieb.

5. Ermittlung des Teilebereitstellungspotentials

Analog zur Ermittlung des Handhabungspotentials aus Kap. 4 müssen auch zur Quantifizierung des Teilebereitstellungspotentials mehrere Methoden der Erkenntnisgewinnung herangezogen werden.

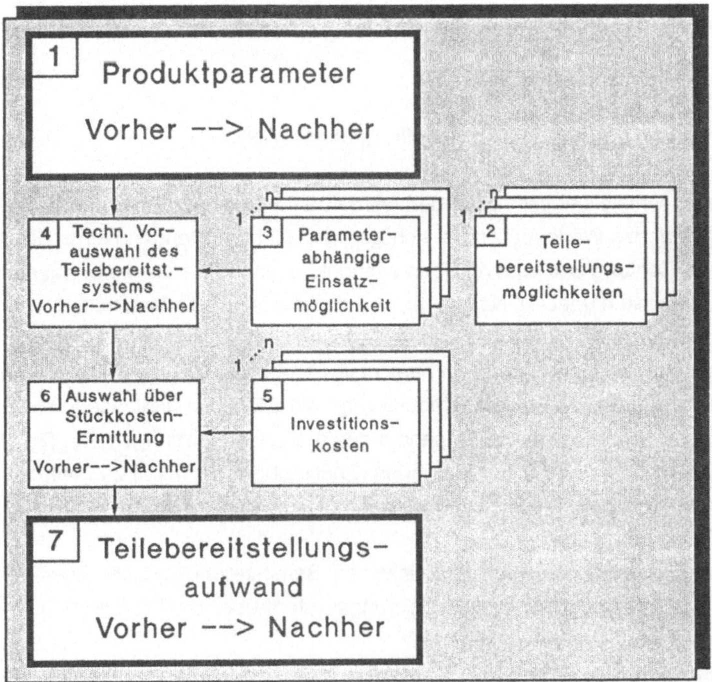

Bild 5.1: Systematik zur Ermittlung des Teilebereitstellungspotentials

Ausgangspunkt sind generell auch hier die durch die Produktgestaltung vorgegebenen Produktparameter in einer Vorher- und Nachher-Version. Mittels einer durch das Bewertungssystem durchgeführten Geräteauswahl wird der Investitionskostenanteil

für die Teilebereitstellung quantifiziert. Diese Auswahl erfolgt wiederum durch logisches und systematisches Abfragen von Auswahlkriterien. Durch die enorme Vielfalt von Bereitstellungsmöglichkeiten und -geräten ist die der Auswahl zugrundeliegende Datenmenge weitaus umfangreicher als bei den Handhabungsgeräten. Der Aufarbeitung dieser Daten liegt ein analytisches Vorgehen zugrunde. Die gesamte Systematik der Quantifizierung des Teilebereitstellungsaufwandes zeigt Bild 5.1.
Auch hier wird ersichtlich, daß die Anforderung, die Potentialberechnung allein mit der Vorgabe der Produktparameter durchführen zu können, erfüllt werden kann.

5.1. Klassifizierung der Bereitstellungseinrichtungen

Von den Bereitstellungseinrichtungen werden die Funktionen übernommen, die notwendig sind, das Werkstück in der richtigen Anzahl bzw. Menge in einer bestimmten Lage und Richtung und zum richtigen Zeitpunkt an die Wirkstelle zu bringen, zu speichern oder weiterzugeben. Nach /72/ wird dieser Bereich als Materialfluß 4. Ordnung bezeichnet.
Bezogen auf das Montagesystem beginnt die Teilebereitstellung demnach nach der Anlieferung der Teile an das Montagesystem, wie z.B. durch Hubwagen bzw. Gabelstapler, und reicht bis vor die Entnahme durch das Handhabungsgerät. Dies bedeutet, daß sich die in Bild 5.2 aufgeführten Einrichtungen zum Teil zu einer Bereitstellungskette ergänzen. Diese Ketten werden kostenmäßig aufsummiert und jeweils als eine Lösung betrachtet.
Um die Einsatzmöglichkeiten der einzelnen Bereitstellungseinrichtungen eindeutig bewerten zu können, ist ein Klassifizierungssystem über die Produktparameter notwendig.
Die bekannten Klassifizierungssysteme, wie z.B. aus /73,74,75/, sind für diese Zuordnung untauglich, da sie nicht für die Auswahl von Teilebereitstellungseinrichtungen der automatisierten Montage erstellt wurden und demzufolge die hierfür relevanten Parameter nur unzureichend berücksichtigen.
Das Klassifizierungssystem muß sich vorwiegend an den Einsatzkriterien der Teilebereitstellungseinrichtungen orientieren. Diese Kriterien werden in Kap. 5.3 beispielhaft für den Vibrationswendelförderer und die Bereitstellungspalette aufgezeigt. (Bild 5.1, Punkt 2)

5.2. Einsatzrelevante Parameter

Eine Analyse aller möglichen Teilebereitstellungsmöglichkeiten ergab die wesentlichen Werkstückmerkmale, die für die Auswahl einer Lösung ausschlaggebend sind:

- Formstabilität
- Empfindlichkeit
- Hauptausdehnung
- Größe
- Gewicht
- Kontur
- Wirrverhalten

5.2.1. Empfindlichkeit

Dieser Werkstückparameter unterscheidet zwischen "robusten", "kratzempfindlichen" und "zerbrechlichen" Teilen. Dadurch wird festgelegt, ob ein Teil über Vibrationsförderer oder über Schlauchförderer (zerbrechlich) zugeführt werden kann, bzw. ob ein Vibrationsförderer über eine besondere Beschichtung verfügen muß. Die Stapelfähigkeit ist ebenfalls abhängig von der Zerbrechlichkeit.
Die universellste Teilebereitstellungsart bzgl. dieses Werkstückparameters stellt das Palettenmagazin dar.

5.2.2. Formstabilität

Die **Formstabilität** differenziert zwischen "formstabilen" und "biegeschlaffen" Werkstücken. Zusammen mit der Form eines Teiles (--> Hauptausdehnung) ist dieser Parameter ausschlaggebend, ob es über einen Fließgutförderer (biegeschlaff, endlos länglich bzw. endlos flächig), ob es stapelbar oder ob es über einen Vibrationswendelförderer zugeführt werden kann.

5.2.3. Hauptausdehnung

Die **Hauptausdehnung** bestimmt die Längen-, Breiten- und Höhenverhältnisse (L/B/H) des Hüllkörpers. Es werden dabei folgende Festlegungen getroffen:

- Länglich: (L/B > 2,5)
- Flächig: (L/H > 2,5 und B/H > 2,5)
- Kubisch: (L/B < 2,5 und B/H < 2,5)

Die graphische Abgrenzung zeigt Bild 5.2.

In Kombination mit dem Werkstückparameter "Form" entscheidet die Hauptausdehnung darüber, ob ein Teil im Schlauchförderer zublasbar, im Palettenmagazin steckbar, auf einem Dorn stapelbar oder aber als Endlosmaterial aufwickelbar ist.

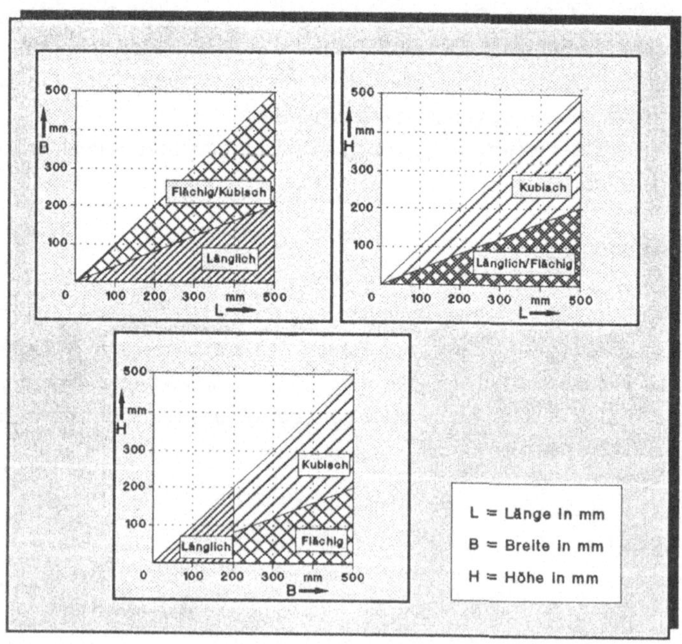

Bild 5.2: Abgrenzung zwischen den Hauptausdehnungsmerkmalen

5.2.4. Größe und Gewicht

Die Merkmale **Größe** und **Gewicht** werden zu einer gemeinsamen Klassifizierung kombiniert, da sie über die Materialdichte direkt miteinander korrespondieren. Es werden fünf Größenkategorien gebildet, die über die Definition von Minimal- und Maximalgrößen eine eindeutige Zuordnung ermöglichen.
Größe und Gewicht entscheiden über die Dimensionierung von Vibrationswendelförderern, Stapelmagazinen, Schacht- und Palettenmagazinen und sind ausschlaggebend für die Einsatzgrenzen von Austragsbunkern, Kettenmagazinen, Palettenmagazinen, Vibrationswendelförderern sowie Stapelmagazinen.
Die Klassifizierung zeigt Bild 5.3:

Hauptausdehnung L*B*H in mm \ Kategorie / Gewicht		1	2	3	4	5
		0...50 g	50...100 g	100...500 g	500...1000 g	1000...3000 g
Länglich	min.	5*2*1	20*2*2	50*2*2	100*2*2	250*2*2
	max.	20*8*8	50*20*20	100*40*40	250*100*100	500*200*2
Flächig	min.	5*2*1	20*8*2	50*20*2	100*40*2	250*100*2
	max.	20*20*8	50*50*20	100*100*40	250*250*100	500*500*200
Kubisch	min.	5*5*2	20*8*3,2	50*20*8	100*40*16	250*100*40
	max.	20*20*20	50*50*50	100*100*100	250*250*250	500*500*500

Bild 5.3: Grenzwerte zur Klassifizierung von Größe und Gewicht

5.2.5. Wirrverhalten

Das **Wirrverhalten** ist ein weiteres Kriterium, ob eine Bereitstellung über Schüttgut (Bunker, Vibrationswendelförderer) möglich ist. Es unterscheidet zwischen "verhakbar" und "nicht verhakbar".

5.2.6. Kontur

Die **Kontur** gibt Auskunft über das Ruhe- und Bewegungsverhalten eines Teils. Es wird dabei unterschieden zwischen

a) Ebene Auflagefläche mit stabiler Schwerpunktslage
b) Parallele Ober- und Unterseite
c) Kugelform
d) Glockenform
e) Rotationssymmetrisch mit konstantem Außendurchmesser
f) Rotationssymmetrisch mit Innendurchmesser
g) Rotationssymmetrisch mit ausgeprägtem Kopf
h) Undefiniert

Die Parameter entscheiden über die Schütt-, Stapel-, Aufreih-, Steck,-, Zublas- und Aufdornfähigkeit eines Teils.

5.2.7. Parameterabhängige Einsatzmöglichkeiten

Die oben aufgeführten Produktparameter führen in ihrer Kombination zu 2400 unterschiedlichen Parameterprofilen. Inwieweit die aus /13/ bekannten Bereitstellungseinrichtungen diese Parameterprofile abdecken, ist zentraler Bestandteil der Geräteauswahl.
Läßt man zur Vereinfachung die Parameter "Kontur", "Größe" und "Wirrverhalten" zunächst weg, ergibt sich ein grober Überblick, der in Bild 5.4 dargestellt ist. In dem Bild wird den aufgeführten Produktparameter die Einsatzmöglichkeit der Bereitstellungseinrichtungen direkt gegenübergestellt. Die genaue, detaillierte Bewertung erfolgt über Vergleich des gesamten Anforderungs- und Anwendungsprofils.

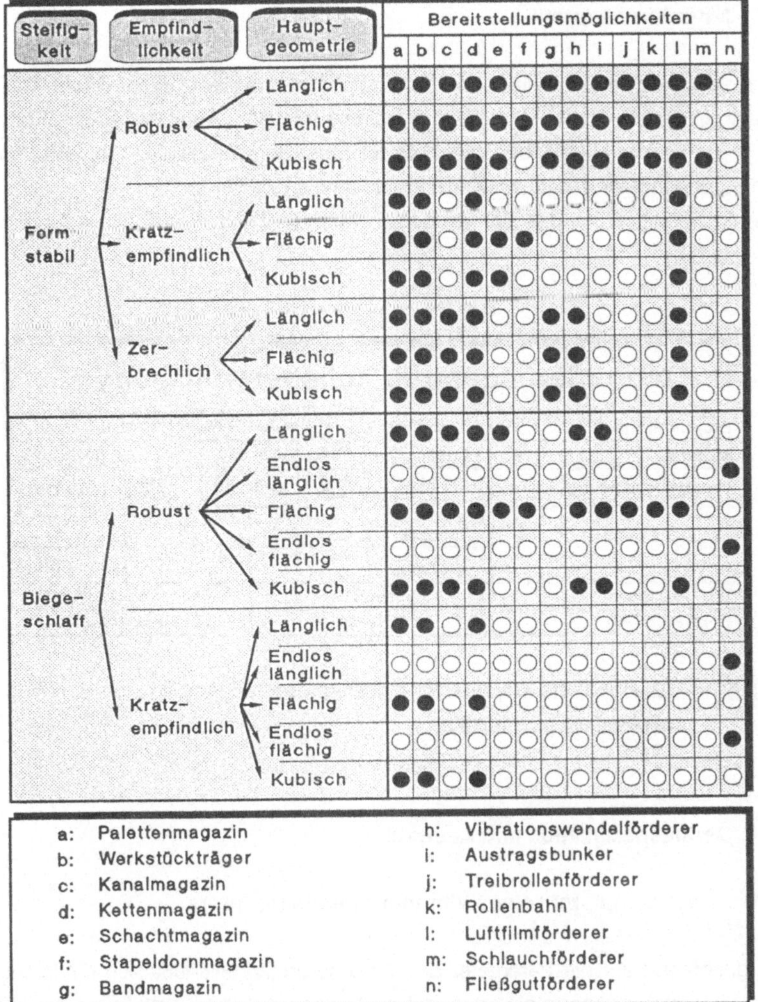

Steifigkeit	Empfindlichkeit	Hauptgeometrie	a	b	c	d	e	f	g	h	i	j	k	l	m	n
Formstabil	Robust	Länglich	●	●	●	●	●	○	●	●	●	●	●	●	●	○
		Flächig	●	●	●	●	●	●	●	●	●	●	●	●	○	○
		Kubisch	●	●	●	●	●	○	●	●	●	●	●	●	●	○
	Kratzempfindlich	Länglich	●	●	○	●	○	○	○	○	○	○	○	●	○	○
		Flächig	●	●	○	●	●	●	○	○	○	○	○	●	○	○
		Kubisch	●	●	○	●	●	○	○	○	○	○	○	●	○	○
	Zerbrechlich	Länglich	●	●	●	●	○	○	●	●	○	○	○	●	○	○
		Flächig	●	●	●	●	○	○	●	●	○	○	○	●	○	○
		Kubisch	●	●	●	●	○	○	●	●	○	○	○	●	○	○
Biegeschlaff	Robust	Länglich	●	●	●	●	●	○	○	●	●	○	○	○	○	○
		Endlos länglich	○	○	○	○	○	○	○	○	○	○	○	○	○	●
		Flächig	●	●	●	●	●	●	○	●	●	●	●	●	○	○
		Endlos flächig	○	○	○	○	○	○	○	○	○	○	○	○	○	●
		Kubisch	●	●	●	●	○	○	○	●	●	○	○	●	○	○
	Kratzempfindlich	Länglich	●	●	○	●	○	○	○	○	○	○	○	○	○	○
		Endlos länglich	○	○	○	○	○	○	○	○	○	○	○	○	○	●
		Flächig	●	●	○	●	○	○	○	○	○	○	○	○	○	○
		Endlos flächig	○	○	○	○	○	○	○	○	○	○	○	○	○	●
		Kubisch	●	●	○	●	○	○	○	○	○	○	○	○	○	○

(Spaltenüberschrift: Bereitstellungsmöglichkeiten)

a: Palettenmagazin
b: Werkstückträger
c: Kanalmagazin
d: Kettenmagazin
e: Schachtmagazin
f: Stapeldornmagazin
g: Bandmagazin
h: Vibrationswendelförderer
i: Austragsbunker
j: Treibrollenförderer
k: Rollenbahn
l: Luftfilmförderer
m: Schlauchförderer
n: Fließgutförderer

Bild 5.4: Eignung von Teilebereitstellungseinrichtungen in der automatisierten Montage in Abhängigkeit von Werkstücksempfindlichkeit, Formstabilität und Hauptausdehnung.

5.2.8. Anforderungsprofil

Die nach Merkmalen klassifizierten Produktparameter lassen sich zu einem Anforderungsprofil für die Teilebereitstellung zusammenfassen. Diese Systematisierung ermöglicht eine zur Handhabungstechnik analoge Geräteauswahl. Die Anforderung nach durchgängiger Vorgehensweise kann damit erfüllt werden.
Ein Anforderungsprofil, das sich an dem bekannten Beispiel aus Bild 4.7 orientiert, zeigt Bild 5.5.

Anforderungsprofil Teilebereitstellung						
Empfindlichkeit		Robust		kratzempfindlich		zerbrechlich
Masse	g	0...50	50...100	100...500	500...1000	1000...3000
Hauptausdehnung		Länglich	Endlos länglich	Flächig	Endlos flächig	Kubisch
Kontur		Ebene, stabile Auflage	Parallele O-, U-Seite	Kugelig		Glocken-form
		Rot.symm. konst. Drm.	Rot.symm. Innendrm.	Rot.symm. mit Kopf		Undefiniert
Wirrverhalten		Verhakbar		Nicht verhakbar		
Formstabilität		Stabil		Biegeschlaff		

Bild 5.5: Beispielhafte Darstellung eines Anforderungsprofils zur Bereitstellung eines Gehäusedeckels.

5.3. Gerätespezifikation und Auswahl

5.3.1. Anwendungsprofil eines Vibrationswendelförderers

Bezugnehmend auf die Parameter des Anforderungsprofils läßt sich für jedes einzelne Bereitstellungsgerät ein spezifisches Anwendungsprofil erstellen. Das Beispiel eines solchen Profils zeigt Bild 5.6.
Auswahlkriterium 1 für die Teilebereitstellungseinrichtungen ist die Forderung an das Anwendungsprofil, sämtliche Merkmale des Anforderungsprofils voll abzudecken. Im nächsten Schritt der Selektion wird unter der Bereitstellungsmöglichkeit nach Auswahl 1 die mit den niedrigsten Stückkosten ermittelt.

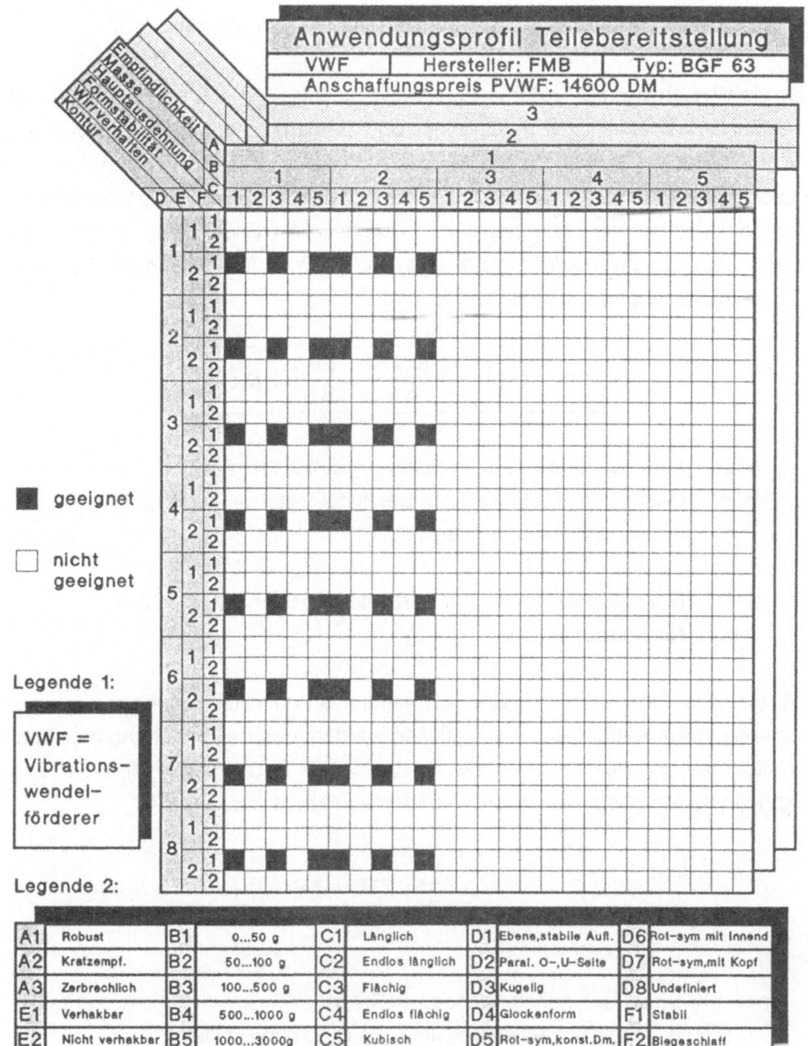

A1	Robust	B1	0...50 g	C1	Länglich	D1	Ebene,stabile Aufl.	D6	Rot-sym mit Innend		
A2	Kratzempf.	B2	50...100 g	C2	Endlos länglich	D2	Paral. O-,U-Seite	D7	Rot-sym,mit Kopf		
A3	Zerbrechlich	B3	100...500 g	C3	Flächig	D3	Kugelig	D8	Undefiniert		
E1	Verhakbar	B4	500...1000 g	C4	Endlos flächig	D4	Glockenform	F1	Stabil		
E2	Nicht verhakbar	B5	1000...3000g	C5	Kubisch	D5	Rot-sym,konst.Dm.	F2	Biegeschlaff		

Bild 5.6: Beispielhafte Darstellung des Anwendungsprofils eines Vibrationswendelförderers.

5.3.2. Kosten der Bereitstellung über Vibrationswendelförderer

Die für die Wirtschaftlichkeit mitentscheidenden Stückkosten aus der Teilebereitstellung beinhalten einerseits die Investitions- und Betriebskosten für die Einrichtung sowie die manuellen Aufwendungen für das Auffüllen und die Betreuung. Deshalb wird auch hier für die parameterabhängige Kostenermittlung eine erweiterte Maschinenstundensatzrechnung durchgeführt. Durch die Erweiterung wird dem Maschinenstundenaufwand der Einrichtungs- und der Nachfüllaufwand hinzugefügt. Die Gesamtkosten ergeben sich dabei wie folgt:

$$\boxed{ATB = KMH \cdot \frac{N \cdot 8 \cdot 220}{n} + \frac{ERK}{8 \cdot n} + NK}$$

mit ATB: Aufwand für die Teilebereitstellung eines Teiles in DM
KMH: Maschinenstundensatz der Bereitstellungseinrichtung in DM
N: Anzahl Schichten pro Tag
n: Jahresstückzahl
ERK: Einrichtungskosten einer Bereitstellungseinrichtung in DM
NK: Nachfüllkosten pro Teil in DM

Der Maschinenstundensatz errechnet sich dabei aus den Investitionskosten, die aus dem jeweiligen Anwendungsprofil ausgelesen werden, den davon abhängigen Zins-, Abschreibungs-, und Instandhaltungskosten sowie den Raumkosten. Die Energiekosten können bei Vibrationswendelförderern vernachlässigt werden.

$$\boxed{KMH = \frac{\frac{11}{40} \cdot PTB + KR}{TN}}$$

mit KMH: Maschinenstundensatz in DM/h
PTB: Preis der Teilebereitstellungseinrichtung in DM
KR: Raumkosten pro Jahr in DM
TN: Jährliche Nutzungszeit in h

Hierbei werden folgende Annahmen getroffen:

- Lineare Abschreibung der Investition über 8 Jahre
- Verzinsung der halben Investition mit 10%
- Platzbedarf der Teilebereitstellung 1m² bei 110 DM/m² pro Jahr
- Instandhaltung mit 10% der Investition pro Jahr
- 220 Arbeitstage pro Jahr und 8 Stunden pro Schicht, n-Schichtbetrieb,
- 80%ige Auslastung.

Die Einrichtungskosten, die einmalig bei der Inbetriebnahme anfallen, sind abhängig von der Orientierungs- und Ordnungskomplexität der Teile.
Herstellerangaben haben zu einer Abstufung in 3 Klassen geführt, die sich im Einrichtungsaufwand unterscheiden.

Zuführbarkeit	Die Zuführbarkeit beeinträchtigende Werkstückmerkmale	Werkstück-verhaltenstyp	Beispiele	Einrichtungszeit [h]	Einrichtungskosten ERK [DM]
LEICHT	- eindeutige geometr. Seitenverhältnisse - keine die Zuführb. beeinträchtigende Formelemente - hohe Orientierungswahrscheinlichkeit	- Pilzteile - Flachteile - Zylinderteile - Blockteile - Kugelteile	Schrauben, Bolzen, Kugellagerkugeln	ca. 35	ca. 2.800,--
MITTEL	- empfindliche Oberfl. - Formelemente, die die Zuführbarkeit beeinflussen - bedingtes Förderverhalten	- Kegelteile - Pyramidenteile - Hohlteile	Kegelige Hülsen	ca. 50	ca. 4.000,--
SCHWER	- Verhaltenstyp Wirrteil - Formelemente, die die Verhakung, bzw. Verkettung fördern - instabile Orientierung	- Hohlteile - Wirrteile - Zusammen gesetzte Formteile - Unregelmäßige Massivteile	Sicherungsringe, Schraubenfedern	ca. 70	ca. 5.600,--

Bild 5.7: Unterschiedliche Einrichtungsaufwendungen für Vibrationswendelförderer

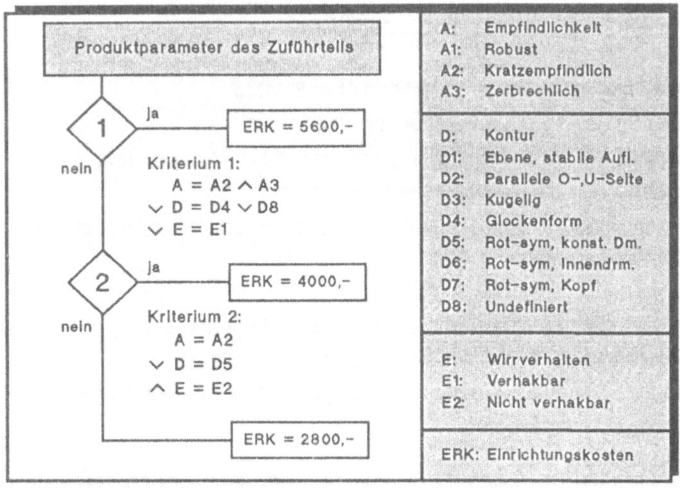

Bild 5.8: Bestimmung des Einrichtungsaufwands für Vibrationswendelförderer in Abhängigkeit der Produktparameter

Die noch ausstehenden Kosten für manuelle Bedienung und Nachfüllung sind unabhängig von obigen Parametern und den Investitionskosten. Sie hängen primär von der geforderten Austragsleistung und der Mindesttopfgröße ab.
In /77/ und /71/ wurden Abhängigkeiten des Vibrationswendelförderers zwischen Werkstückabmessungen und Mindestgröße erarbeitet. Diese Ergebnisse führen zu einer Grenzstückzahl pro Jahr, ab der das Fassungsvermögen austragsabhängig ist:

$$N_G = \frac{101376 \cdot \pi \cdot n \cdot l^2}{b \cdot h}$$

mit N_G: Grenzstückzahl pro Jahr, ab der das Fassungsvermögen austragsabhängig ist.
n: Anzahl der Schichten pro Tag
l, b, h: Maße des Einzelteils

Die Nachfüllkosten NK lassen sich in Form von Stückkosten wie folgt darstellen.

Bei $N > N_G$:

$$NK = \frac{2816 \cdot n}{N} \cdot 1\,DM$$

Bei $N < N_G$:

$$NK = \frac{b \cdot h}{36 \cdot \pi \cdot l^2} \cdot 1\,DM$$

mit N: Jahresstückzahl

Damit ist der Bereitstellungsaufwand über Vibrationswendelförderer basierend auf Produktionsparametern geschlossen darstellbar.

5.3.3. Anwendungsprofil für die Bereitstellung über Palettenmagazine

Innerhalb der definierten Systemgrenze für den Materialfluß 4. Ordnung beinhaltet die Teilebereitstellungskette über Palettenmagazine die Bevorratung eines gewissen Teilebestandes in Form eines Palettenstapels, das automatisierte Abstapeln und Zuführen zur Handhabung sowie das abschließende, automatisierte Aufstapeln. Die Palettenmagazine sind vorwiegend Tiefziehteile aus ABS mit Wandstärken von 3 oder 6 mm. Die Magazingröße unterliegt dem Raster der Euronorm:

300 mm x 400 mm
400 mm x 600 mm
oder 600 mm x 800 mm.

Für jedes Palettensystem läßt sich ein Anwendungsprofil erstellen, das auf den bekannten Produktparametern basiert. Bild 5.9 zeigt beispielhaft ein solches Profil.

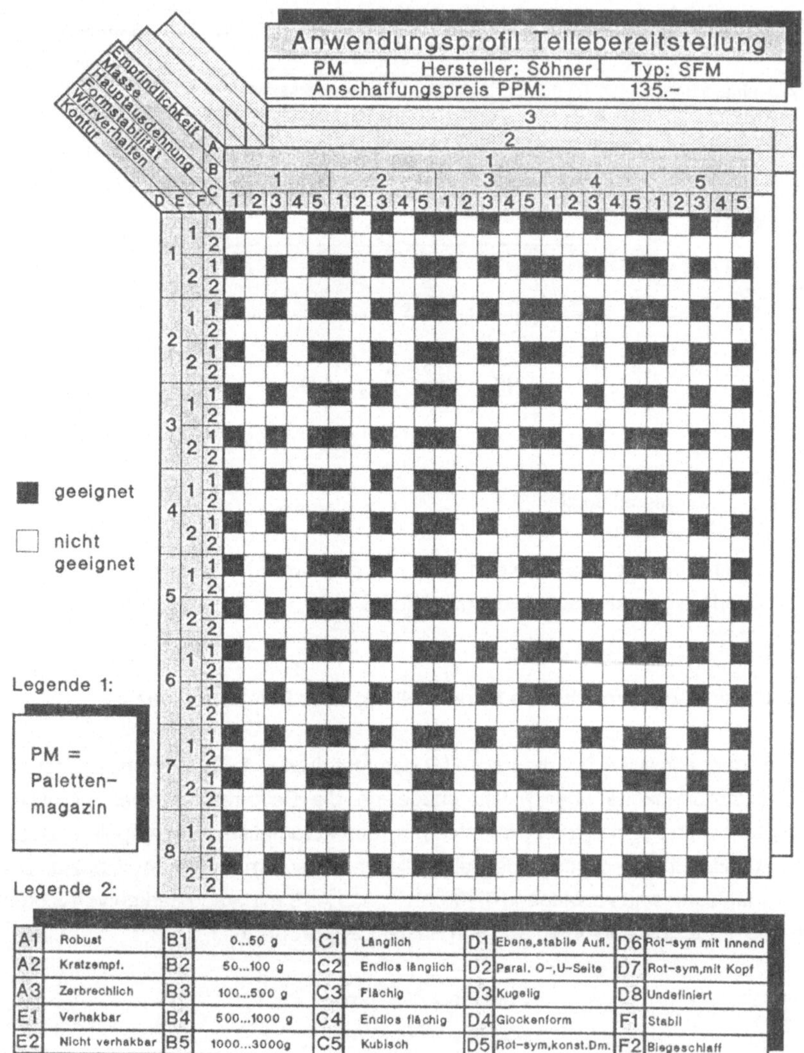

Bild 5.9: Beispielhaftes Anwendungsprofil für ein Palettensystem

5.3.4. Kosten der Bereitstellung über Palettenmagazine

Die für das Gesamtsystem relevanten Stückkosten sind abhängig von der notwendigen Anzahl, der Größe und Form sowie der Komplexität der Paletten. Die Komplexität ist weiterhin ausschlaggebend für die Aufwendungen für das Tiefziehwerkzeug, welche ebenso den Investitionskosten zuzurechnen sind. Das Palettenhandhabungssystem, das für die Stapelung der Paletten notwendig ist, läßt sich über eine Maschinenstundensatzrechnung monetär quantifizieren.
Die Gesamtkosten ergeben sich wie folgt:

$$ATB = \frac{PPM \cdot NPM}{4 \cdot n} + \frac{KWZ}{8 \cdot n} + \frac{KMH \cdot N \cdot 1408}{n}$$

mit ATB: Aufwand für die Teilebereitstellung eines Teiles in DM
PPM: Preis eines Palettenmagazins in DM aus Anwendungsprofil
NPM: Notwendige Anzahl an Palettenmagazinen
KWZ: Kosten des Tiefziehwerkzeugs in DM
KMH: Maschinenstundensatz des Palettenhandhabungssystems inDM
N: Anzahl der Schichten pro Tag
n: Jahresstückzahl

Für die Berechnung der Palettenanzahl NPM gilt es zu ermitteln, wieviele Teile auf der Palette angeordnet werden können, was davon abhängt, ob die Teile stehend oder liegend plaziert werden können. Dies wird durch die Merkmale in Kriterium 1, Bild 5.10 ermittelt. Kriterium 2 und 3 entscheiden über das Palettenmaß und ordnen daraufhin Palettengrößen im Raster der Euronorm zu. Dabei wird festgelegt, daß die Teilebevorratung generell für 4 Stunden ausreicht. Die technische Nutzungszeit der Palettenmagazine wurde für die Ermittlung der Bemessungsgleichungen auf 4 Jahre angesetzt.
Die Komplexität des Palettenhandhabungsgerätes ist ebenfalls von der Palettengröße abhängig. Deshalb findet sich der Maschinenstundensatz ebenfalls in Bild 5.10 in Abhängigkeit von Kriterium 2 und 3.

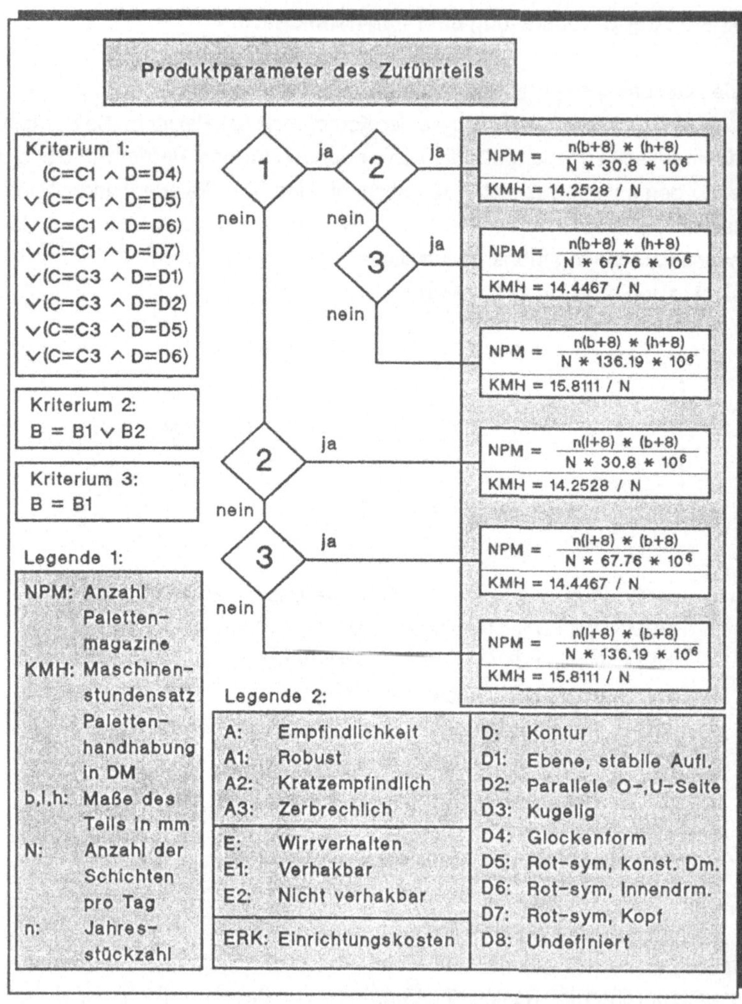

Bild 5.10: Ermittlung der Größen NPM und KMH in Abhängigkeit der Produktparameter

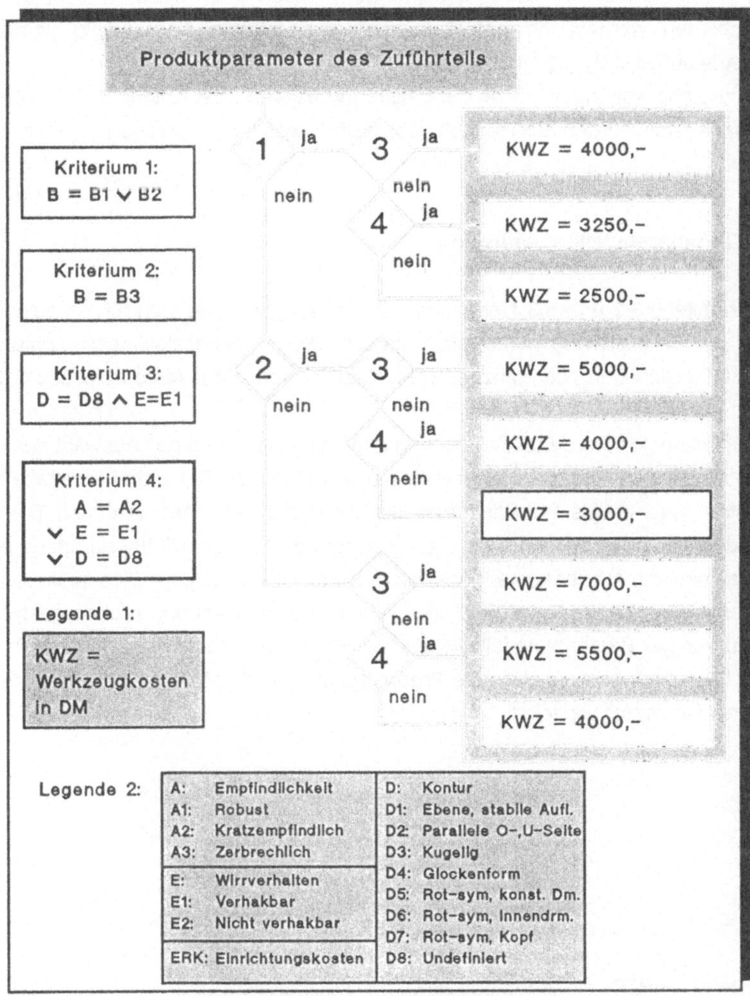

Bild 5.11: Ermittlung der Kosten eines Tiefziehwerkzeugs für Palettenmagazine in Abhängigkeit der Produktparameter

Für die Berechnung der noch ausstehenden Kosten des Tiefziehwerkzeugs muß unterschieden werden, ob das Teil eine sehr, mittlere oder wenig komplexe Geometrie aufweist (Bild 5.11, Kriterium 3 und 4).
Die zusätzliche Abhängigkeit von der Palettengröße wird über Kriterium 1 und 2 realisiert. Die Kosten wurden aus Herstellerdaten und Expertengesprächen ermittelt.

5.4. Teilebereitstellungsaufwand

Die in Kapitel 5.3.2 und 5.3.4 ermittelten Bemessungsgleichungen führen zu Stückkosten der Bereitstellung mit jeweils unterschiedlichen Bereitstellungseinrichtungen unter Berücksichtigung der ganzheitlichen Kette innerhalb des Materialflusses 4. Ordnung.
Diese Stückkosten werden für alle Lösungsmöglichkeiten aus der Auswahl aus dem Anwendungs- und Anforderungsprofilvergleich berechnet. Der dabei ermittelte Mindestbetrag wird für die Potentialermittlung herangezogen. Wird an einem Teil eine Produktgestaltungsmaßnahme durchgeführt, so kann es sich dabei durchaus ergeben, daß sich die Art der kostengünstigsten Bereitstellung ändert. Dies ist in den Systemanforderungen so formuliert. Bei einem automatisierten, rechnergestützten Durchführen der Berechnung fällt ein solcher Medienwechsel dem Bediener nicht auf, da die Berechnungsbasis allein die Produktparameter darstellen. Das Ratiopotential errechnet sich somit wie folgt:

$$RPTB = ATB1 - ATB2$$

mit
- RPTB: Ratiopotential der Teilebereitstellung
- ATB1: Aufwand für die Teilebereitstellung vor der Produktgestaltungsmaßnahme
- ATB2: Aufwand für die Teilebereitstellung nach der Produktgestaltungsmaßnahme

6. Ermittlung des Verbindungstechnikpotentials

Die Ermittlung des Potentials in der Verbindungstechnik ist neben der zur Anwendung kommenden Automatisierungstechnik (Schraubstation, Nietstation etc.) stark abhängig von den Einstandskosten bzw. Beschaffungskosten der Verbindungselemente.

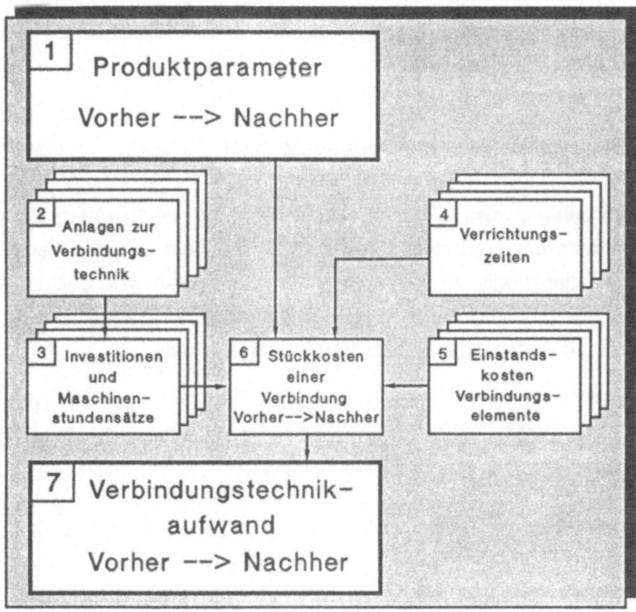

<u>Bild 6.1:</u> Systematik zur Ermittlung des Verbindungstechnikpotentials

Die Einstandskosten lassen sich direkt aus Herstellerangaben gemäß der Parameter

Art der Verbindung
Anzahl der Verbindungselemente
und **Größe der Verbindungselemente** quantifizieren.

Diese Parameter sind bereits in Bild 4.3 aufgeführt und stehen dem Bewertungsverfahren als Produktparameter zur Verfügung. Bezüglich der Anlagentechnik, mit der die Verbindungselemente verarbeitet werden, wird wiederum die Maschinenstundensatzrechnung angewendet. In Bild 6.1 ist der ganzheitliche Ablauf der Potentialermittlung aufgezeigt.
Bei der Ermittlung der Anlageninvestition werden sämtliche Teilsysteme der Prozess-Station berücksichtigt. Bei den Einstandskosten der Verbindungselemente werden die Kosten herangezogen, die für die Automatisierung notwendige Qualität von Verbindungselementen aufgebracht werden müssen.

6.1. Anforderungsprofil zur Verbindungstechnik

Analog der Vorgehensweise in Kapitel 4 und 5 erfolgt die Aufwandsquantifizierung anhand eines Anforderungsprofils. Dieses Profil muß neben dem Verbindungstyp auch die Anzahl der möglichen Parallelprozesse beinhalten, von der die Spindelanzahl eines Prozesswerkzeuges abgeleitet werden kann.
Bild 6.2 zeigt ein Anforderungsprofil zur Verbindungstechnik.

Anforderungsprofil Verbindungstechnik				
Art der Verbindung		Schraube		DIN: 931
		Niet		DIN:
Größe des V-Elem.	mm	Ø 8		l: 80
Anzahl V-Elemente		1 2 3 4 5 6 7 8 9 10 11 12 13 14 15 16		
Anz. Parallelprozesse (1 Werkzeug)		1 2 3 4 5 6 7 8 9 10 11 12 13 14 15 16		

Bild 6.2: Anforderungsprofil zur Verbindungstechnik

6.2. Kosten für die Verbindungstechnik

Im Rahmen dieser Arbeit werden beispielhaft die Berechnungsgrundlagen für die Verbindungsverfahren "Schrauben" und "Nieten" aufgezeigt.

6.2.1. Schrauben

Die Stückkosten einer Verschraubung setzen sich wie folgt zusammen:

$$AVT = NE \cdot EK + \frac{KMH \cdot TV}{3600}$$

mit AVT: Aufwand für die Verbindungstechnik in DM
NE: Anzahl der Verbindungselemente pro Verschraubung
EK: Einstandskosten einer Schraube in DM
KMH: Maschinenstundensatz der Schraubzelle in DM/h
TV: Verrichtungszeit der Verschraubung in s

NE und EK sind aus dem Anforderungsprofil bzw. aus Herstellerangaben gegeben.

Der Maschinenstundensatz KMH beinhaltet die Investitionen für

- anteiliges Montageband mit Aushebestation und Indexierung
- Prüfeinrichtung zur Überwachung der Schraubenqualität
- Vereinzelungseinrichtung der Schrauben
- Verteilerschiene für die Schrauben
- Zuführeinheiten der Schrauben zu jeder Schraubspindel
- Schraubspindeln mit Linearschlitten
- Steuereinheit und Schnittstelle zum Leitrechner

Eine Analyse der Investition dieser Teilsysteme ergab eine Abhängigkeit der Gesamtkosten von der Anzahl der parallelen Schraubspindeln, vom Durchmesser der Schraube sowie der Anzahl der Schichten pro Tag. Zur Ermittlung einer linearen Näherungsformel wurden folgende Festlegungen getroffen:

- die Abschreibung der Prozesszelle erfolgt über 5 Jahre
- 50% der Investition werden mit 10% verzinst
- der Platzbedarf beträgt 10m²
- die Instandhaltung beträgt 10% der Investition pro Jahr
- die Station ist zu 80% ausgelastet

Für die Energiekosten konnte ebenfalls eine linear angenäherte Abhängigkeit von Schraubendurchmesser und Spindelanzahl gefunden werden.
Für den Maschinenstundensatz KMH gilt:

$$\begin{aligned} KMH = &\left(0{,}205\,DM + 2{,}486\,DM \cdot \frac{1}{N}\right) \cdot NSP \\ &+ \left(0{,}0143\,\frac{DM}{mm} + 0{,}621\,\frac{DM}{mm} \cdot \frac{1}{N}\right) \cdot DS \\ &+ \left(0{,}2855\,DM + 36{,}754\,DM \cdot \frac{1}{N}\right) \end{aligned}$$

mit KMH: Maschinenstundensatz in DM
N: Anzahl Schichten pro Tag
NSP: Anzahl paraller Schraubspindeln
DS: Durchmesser der Schrauben in mm

Unter Berücksichtigung unterschiedlicher Umdrehungsgeschwindigkeiten bei unterschiedlichen Schraubspindeln, der durchmesserabhängigen Umdrehungszahl bis zum festen Anziehen, der Zeit zum Ansetzen einer Schraube, der Kupplungszeit, der Nachlaufzeit sowie der Zeit für die Drehmomentkontrolle konnte für die Verrichtungszeit einer Verschraubung folgende lineare Annäherung gefunden werden:

$$TV = 0{,}2\,\frac{s}{mm} \cdot DS + 3{,}1s$$

mit TV: Verrichtungszeit in s

DS: Durchmesser der Schrauben in mm

Mit den vorliegenden Abhängigkeiten ist es möglich, die Aufwandsermittlung einer Verschraubung allein auf der Basis der Produktparameter durchzuführen.
Bild 6.3 zeigt einen Überblick über eine vierspindelige Verschraubung von Schrauben nach DIN 931 (8.8) .
Die aufgetragenen Kosten stellen die Summe der Einstandskosten und aller Maschinenkosten in DM pro 100 Schrauben dar.

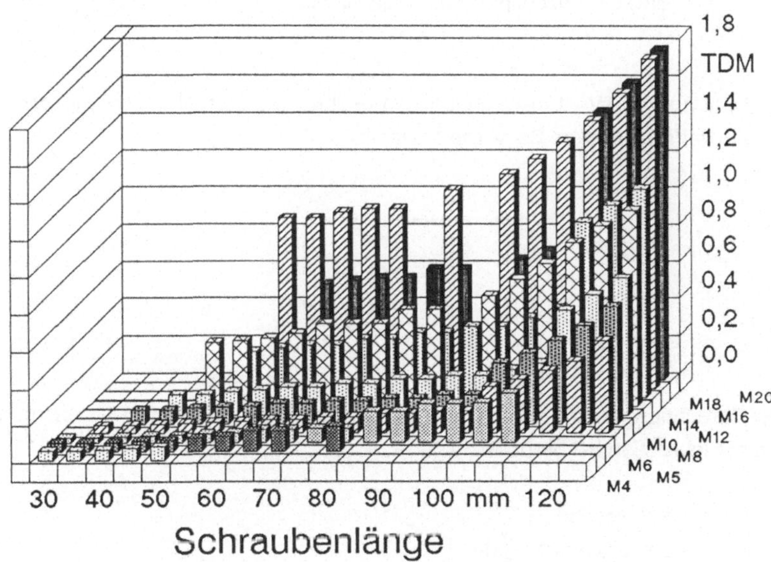

Bild 6.3: Gesamtkosten für Schrauben DIN 931 (8.8) bei Montage in einer vierspindligen Automatikstation

6.2.2. Blindnieten

Für das Verbindungsverfahren "Nieten" ist das Anforderungsprofil aus Kapitel 6.1 ebenso zutreffend.
Der monetäre Aufwand einer Vernietung läßt sich ebenfalls nach der Formel aus Kapitel 6.2.1 errechnen, wobei die Einstandskosten EK aus Herstellerangaben erfolgen und sich die Maschinenstundensätze und die Verrichtungszeiten wie folgt ergeben:

$$KMH = 8{,}91\ DM + NNP \cdot 3{,}37\ DM$$

mit KMH: Maschinenstundensatz in DM
NNP: Anzahl paralleler Nietpistolen

Die Verrichtungszeit TV ist beim Blindnieten unabhängig vom Nietdurchmesser und der Anzahl der Nietpistolen. Es wurde ermittelt:

$$TV = 2{,}85\ s$$

Bei der Berechnung des Maschinenstundensatzes wurden folgende Teilsysteme bezüglich der Investition mit berücksichtigt:

- Nietpistolen
- Zuführeinrichtungen
- Vereinzelungseinrichtungen
- anteiliges Montageband
- Aushebe- und Indexiereinheit

- Linearschlitten mit Sensorik
- Überwachungseinheit mit Schnittstelle zum Leitrechner
- Dokumentationseinrichtung

sowie - Aufbau und Inbetriebnahme

6.2.3. Taumelnieten

Unter Berücksichtigung analoger Teilsysteme in der Anlagentechnik konnte für den Maschinenstundensatz beim Taumelnieten ebenfalls eine Näherungsformel ermittelt werden:

$$KMH = 10{,}35\ DM + NTK \cdot 2{,}44\ DM$$

mit KMH: Maschinenstundensatz in DM
NTK: Anzahl paralleler Taumelköpfe

Für die Nietzeiten wurden folgende Größen ermittelt:

Nietdurchmesser in mm	4	5	6	8
Verrichtungszeit in s	9	12,6	15,6	18,6

7. Gesamtsystem zur Quantifizierung des Ratiopotentials

Die in Kapitel 4-6 dargestellten Systeme zeigen, daß sich die Reduzierung des Montageaufwands aufgrund montagegerechter Produktgestaltung durch die Aufsummierung der Teilpotentiale aus den Bereichen Handhabung, Teilebereitstellung und Verbindungstechnik darstellen läßt. Die Ergebnisgrößen der Teilsysteme tragen wie gefordert die Benennung DM/Stück und lassen sich zu einem ganzheitlichen Ergebnis zusammenführen.

Die Eingangsgrößen stellen die Produktparameter dar, die über ein teilsystemspezifisches Formelwerk in die entsprechenden Anlagenparameter umgerechnet und somit direkt den Handhabungsaufwand, Teilebereitstellungsaufwand sowie den Verbindungstechnikaufwand ergeben. Durch die Beeinflussung über die Maßnahmen zur montagegerechten Produktgestaltung liegen die Produktparameter nun in einem "Vorher-" und "Nachher-"Zustand vor und bilden die Grundlage der Ratioberechnung über die Differenzbildung.

Werden mehrere Maßnahmen hintereinander bewertet und beeinflussen diese jeweils die gleichen Produktparameter, so muß berücksichtigt werden, daß der Nachher-Zustand aus der ersten Maßnahme den Vorher-Zustand der zweiten Maßnahme darstellt. Wird beide Male mit dem gleichen Vorher-Zustand gerechnet, wird das Ratiopotential der ersten Maßnahmen ggf. doppelt berücksichtigt, was das Gesamtratio verfälscht.

Durch diese Tatsache werden die Produktparameter in einem zweischichtigen Datenpool abgelegt, bei dem der "Nachher-"Zustand beeinflußbar ist. Bei der Umsetzung in ein DV-System wird eine relationale Datenbank eingesetzt.

Den Ablauf des ganzheitlichen Systems zeigt Bild 7.1.

Bei dem darin aufgeführten Handhabungs-, Teilebereitstellungs- sowie Verbindungstechnikaufwand muß berücksichtigt werden, daß es sich hierbei nicht um Absolutgrößen im Sinne ganzheitlicher Herstellkosten handelt, sondern um Kosten, die sich ausschließlich aus den durch Produktmaßnahmen beeinflußbaren Bereichen ergeben.

Die Beeinflussung der einzelnen Maßnahmen läßt sich grundsätzlich in drei Wirkungsweisen auf das Produkt einteilen:

A: Beeinflussung einzelner Produktparameter von Einzelteilen und Baugruppen
B: Entfallen von Einzelteilen und Baugruppen
C: Integration neuer Teile in den Montageprozeß

Während im Fall B das Rationalisierungspotential gleich dem Montageaufwand der entfallenden Teile ist, geht im Fall C der Montageaufwand für die Neuteile als Negativwert in das Rationalisierungspotential ein.
Die möglichen Auswirkungen von Maßnahmen auf die einzelnen Produktparameter erfordern im Falle A die Definition von Parameterblöcken, die als surjektive Abbildung den Maßnahmen zugeordnet sind. Eine bestimmte Maßnahme ermöglicht somit die Variation eines genau definierten Satzes von Produktparametern.
Die genaue Blockzuweisung behandelt Kapitel 7.2.

7.1. Parameterrelation zwischen Teilsystemen und Produkt

Die für die Berechnung in den Teilsystemen notwendigen Produktparameter bestehen zum einen aus den durch die Maßnahmen direkt beeinflußbaren und zum anderen aus den nur indirekt betroffenen bzw. für den Anwender variabel gehaltenen Parametern. Dies sind:

- Stückzahl n
- Jährliche Nutzungszeit TN
- Zinssatz Z
- Einstandskosten KE

Die Parameterabhängigkeit der Teilsysteme in Bild 7.1 zeigt, daß bei der Berechnung des Handhabungsaufwands zunächst die aufgeführten Anlagenparameter (z.B. Achslast, Traglast...) generiert werden müssen, und daß darüber hinaus die Art der Teilebereitstellung als Eingabeparameter notwendig ist, um die notwendige Achszahl sowie die Reichweite bestimmen zu können.
Daraus ergibt sich die Folgerung, daß im Systemablauf zunächst die Teilebereitstellung aufgrund der Produktparameter festgelegt und anschließend in die Handhabungsberechnung eingelesen werden muß.

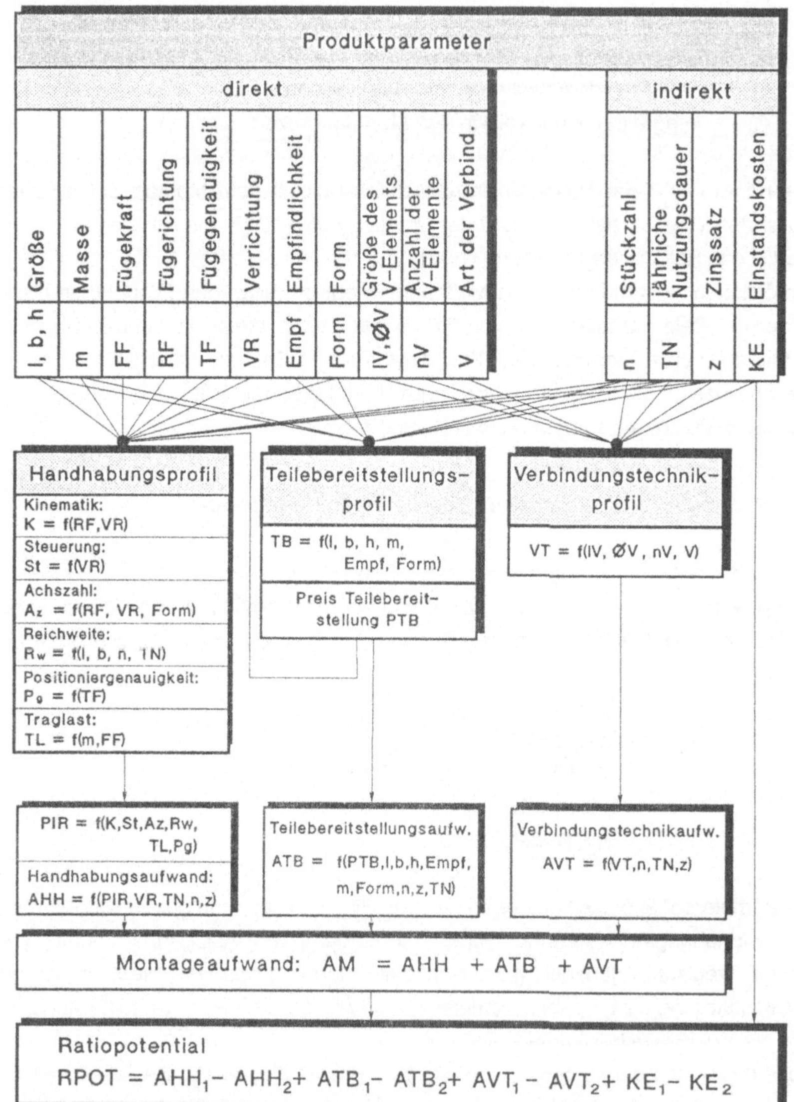

Bild 7.1: Parameterrelation im Gesamtsystem

Zusammenfassend wird das Ratiopotential einer Maßnahme wie folgt berechnet:

$$RPOT = AHH_1 - AHH_2 + ATB_1 - ATB_2 + AVT_1 - AVT_2 + KE_1 - KE_2$$

mit	AHH:	Handhabungsaufwand
	ATB:	Teilebereitstellungsaufwand
	AVT:	Verbindungstechnikaufwand
	KE :	Einstandskosten
	RPOT:	Ratiopotential
	1:	Vor der Gestaltungsmaßnahme
	2:	Nach der Gestaltungsmaßnahme

Die Einstandskosten für die Einzelteile können dabei optimal in die Berechnung miteinbezogen werden, sofern sie bekannt sind. Sollte dies nicht der Fall sein, ist dennoch eine Ratioberechnung möglich, jedoch nicht so breit fundiert.

7.2. Parameterrelation zwischen Maßnahmen und Produkt

Durch produktgestalterische Maßnahmen können sich grundsätzlich Einzelteile ändern, sie können entfallen, und es können neue entstehen. Für den Fall der Änderung kann jede Maßnahme wiederum ihre spezifische Anzahl an Produktparametern maximal beeinflussen. Gewisse Parameter werden jedoch immer gemeinsam beeinflußt. Es lassen sich deshalb aus den Produktparametern Blöcke bilden, die einerseits die gleichzeitige Beeinflußbarkeit ermöglichen und durch die Zuordnung zu den Produktgestaltungsmaßnahmen ein Maß der Gestaltungsauswertungen darstellen.
Die Blockbildung zeigt Bild 7.2.

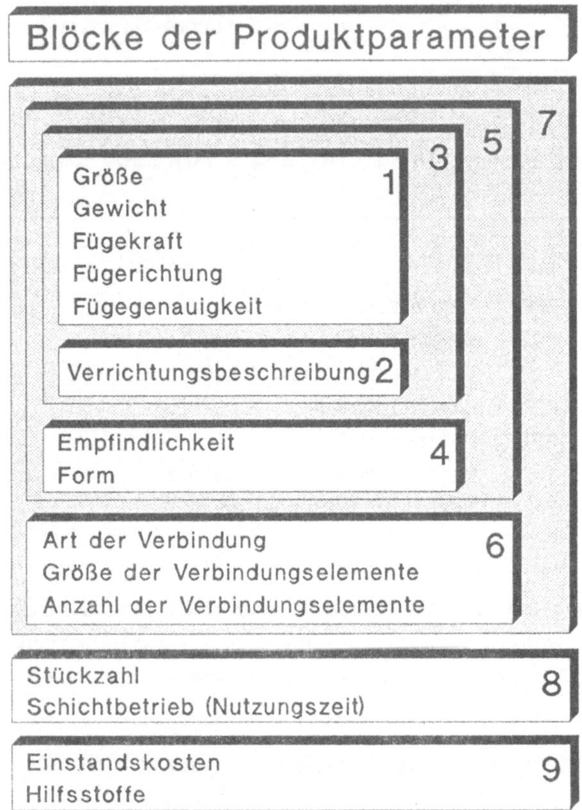

Bild 7.2: Blockbildung der ratiorelevanten Produktparameter

Durch die modulare Blockbildung wird die Realisierung der Parameteranbindung in einem EDV-System erheblich vereinfacht. In der relationalen Datenbank läßt sich für jede mögliche Maßnahme ein Datenblock der Parameter aktivieren, der maximal beeinflußbar ist und für den "Nachher"-Zustand abgefragt wird. Eine anwenderfreundliche Erweiterbarkeit der Maßnahmenliste ist somit ebenfalls gewährleistet, da lediglich eine Blockzuweisung zu erfolgen hat.

Im Hinblick auf die Auswirkung, bei der Teile entfallen bzw. neu entstehen, müssen die Maßnahmen ebenfalls differenziert werden, um dies bei der Benutzerführung entsprechend berücksichtigen zu können. Naheliegend ist, daß in beiden Fällen der komplette Parameterdatensatz aktiviert werden muß.

Im Falle der Teileeliminierung wird der gesamte Montageaufwand auf das Habenkonto des Ratiopotentials geschrieben. Beim Neuentstehen muß zunächst der komplette Datensatz generiert werden, und der daraus zu errechnende Montageaufwand wird dem Soll-Konto des Ratiopotentials zugeschrieben. Die Parameterrelation sowie dor Grad der Auswirkungen läßt sich folgenden Bildern entnehmen.

A		Produktstruktur	Parameterblöcke								
			1	2	3	4	5	6	7	8	9
A1		Neue Montagetechnologien	■	■	■	■	■	■	■		■
A2		Eliminierung unnötiger Funktionen	■	■	■			■			■
A3		Baukastensystem	■	■	■			■			■
A4		Spätere Variantenbildung	■	■	■						■
A5		Veränderte Baugruppenabgrenzung	■	■	■	■	■	■	■		■
A6		Verlagerung von End- in Vormontage	■	■	■	■	■	■	■	■	■
A7		Basisteilaufbau	■	■	■			■			■
A8		Sandwichaufbau	■	■	■			■			■
A9		Schachtelbauweise	■	■	■			■			■
A10		Prüfbare, variantenneutrale Vormontagen	■	■	■	■	■	■	■	■	■

Bild 7.3: Auswirkungen auf Parameterblöcke der Maßnahmen zur Produktgestaltung

B		Einzelteil- und Baugruppengestaltung	Parameterblöcke 1	2	3	4	5	6	7	8	9
B1		Zusammenfassen von Teilen	■	■	■	■	■	■	■		■
B2		Eliminieren von Teilen	■	■	■	■	■	■	■		■
B3		Verwendung v. Kaufteilen u. -baugruppen	■	■	■	■	■	■	■		■
B4		Erleichterung des Fügens									
	B41	Verbesserung der Lagestabilität	■	■	■	■					
	B42	Ebene Auflagefläche	■			■					
	B43	Gute Zugänglichkeit am Basisteil	■	■	■	■		■			
	B44	Selbstfixierung nach dem Fügen	■	■	■						
	B45	Bezugsflächen	■	■	■	■					
	B46	Montagehilfen	■	■	■	■					
B5		Erleichterung der Handhabung									
	B51	Gewichtsreduzierung	■	■	■						
	B52	Greifflächen	■	■	■	■	■				
	B53	Erhöhter Ordnungsgrad	■	■	■	■	■				
B6		Erleichterung der Bereitstellung									
	B61	Erhöhter Ordnungsgrad	■	■	■	■	■				
	B62	Eindeutige Ordnungselemente	■	■	■	■	■				
	B63	Formstabilität	■	■	■	■	■				
	B64	Verringerte Bruchempfindlichkeit		■		■					
	B65	Verhaken vermeiden		■		■					
	B66	Verringerte Oberflächenempfindlichkeit		■		■					
	B67	Fließgut vor Schüttgut	■	■	■	■					
B7		Vermeidung von Nacharbeit	■	■	■						■

Bild 7.4: Auswirkungen auf Parameterblöcke der Maßnahmen zur Produktgestaltung

C		Standardisierung	Parameterblöcke								
			1	2	3	4	5	6	7	8	9
C1		Baukastensystem	■	■	■			■			■
C2		Vereinheitlichung des Montageablaufs	■	■	■			■		■	■
	C21	Ablaufstandardisierung	■	■	■			■		■	■
C3		Verwendung von Gleichteilen									
	C31	Standardbaugruppen mit höherer Stückzahl	■	■	■	■	■	■	■	■	■
	C32	Standardteile mit höherer Stückzahl	■	■	■	■	■	■	■	■	■
C4		Vereinheitlichung von Montageverfahren									
	C41	Standardisierung von Greifflächen	■	■	■	■	■				
	C42	Montagevereinfachung durch Vereinheitlichung	■	■	■	■	■				
C5		Späte Variantenbildung	■	■	■						■
C6		Voraussetzungen für Standardwerkzeuge	■	■	■	■	■	■	■		
C7		Vereinheitlichung von Verbindungselementen						■			

D		Verbindungstechnik	Parameterblöcke								
			1	2	3	4	5	6	7	8	9
D1		Eliminieren von Verbindungselementen	■	■	■			■			■
D2		Vereinfachung der Verbindungstechnik									
	D21	Vermeidung zusätzl. Verbindungselemente	■	■	■			■			■
	D22	Vermeidung zusätzl. Sicherungselemente	■	■	■			■			■
	D23	Vermeidung von Prozeß- und Verweilzeiten						■			
	D24	Wechsel der Verbindungstechnik						■			
D3		Verringerung der Anzahl der V-elemente						■			
D4		Neue Fügetechnologien	■	■	■			■			■
D5		Vereinheitlichung der Verbindungstechnik						■			■

Bild 7.5: Auswirkungen auf Parameterblöcke der Maßnahmen zur Produktgestaltung

7.3. Durchgängiges Systemmodell

Mit den aufgezeigten Parameterabhängigkeiten und Berechnungsformeln ist ein durchgängiges Quantifizierungssystem beschrieben, das über die Eingabeparameter allein auf Produktdaten basiert und dessen Ausgabedaten in einer einheitlichen, vergleichbaren Kostengröße vorliegen. Diese Vorgehensweise ist weitgehend anlagenunabhängig und setzt eine planerische Optimierung der Montageanlage voraus. In idealtypischer Betrachtungsweise wird von reiner automatisierter Linienmontage bei konstanter Maschinenauslastung ausgegangen. Die Berechnungsergebnisse werden eindeutig den Maßnahmen sowie den Bauteilen zugeordnet. Sie beinhalten nicht die zusätzlichen Auswirkungen auf die Fertigungskosten wie beispielsweise die der Teilebearbeitung, der Logistik oder der Lagerhaltung.
Jedem Bauteil wird somit genau ein Montagevorgang zugeordnet, wobei unter Bauteil hier sowohl Einzelteile als auch Unterbaugruppen bzw. Baugruppen fallen. Der konsequente Ablauf über die Auswahl der Maßnahme, Nennung der betroffenen Teile, Bestimmung der Auswirkungen usw., ermöglicht die eindeutige Relation zwischen Maßnahme und Wirkung. Den Systemablauf, wie er vom Anwender durchgeführt werden kann, zeigt das Ablaufdiagramm.

7.4. Rechnerimplementierung

Das System liegt als Software-Paket für die Anwendung auf dem PC vor. Es wurde implementiert auf einem IBM PS 2/80 unter MS-DOS 3.20. Für die Datenorganisation wurde das Relationale Datenbank-Managementsystem ORACLE ausgewählt. Die Programmierung der Berechnungsalgorithmen erfolgte in der höheren Programmiersprache C.
Die Ablauforganisation des Gesamtprogramms erfolgt im Batch-Betrieb. Zunächst erfolgt in der ORACLE-Umgebung die Manipulation des Datensatzes innerhalb einer speziell entwickelten, menüorientierten Anwenderoberfläche in Abhängigkeit von den Maßnahmen zur montagegerechten Produktgestaltung. Daran schließt sich die Berechnung der einzelnen Rationalisierungspotentiale innerhalb eines eigenständigen, strukturierten Programms mit Zugriff auf die unterlagerte Datenbank an. Den Abschluß bildet die Ausgabe der Ergebnisse auf dem Bildschirm.

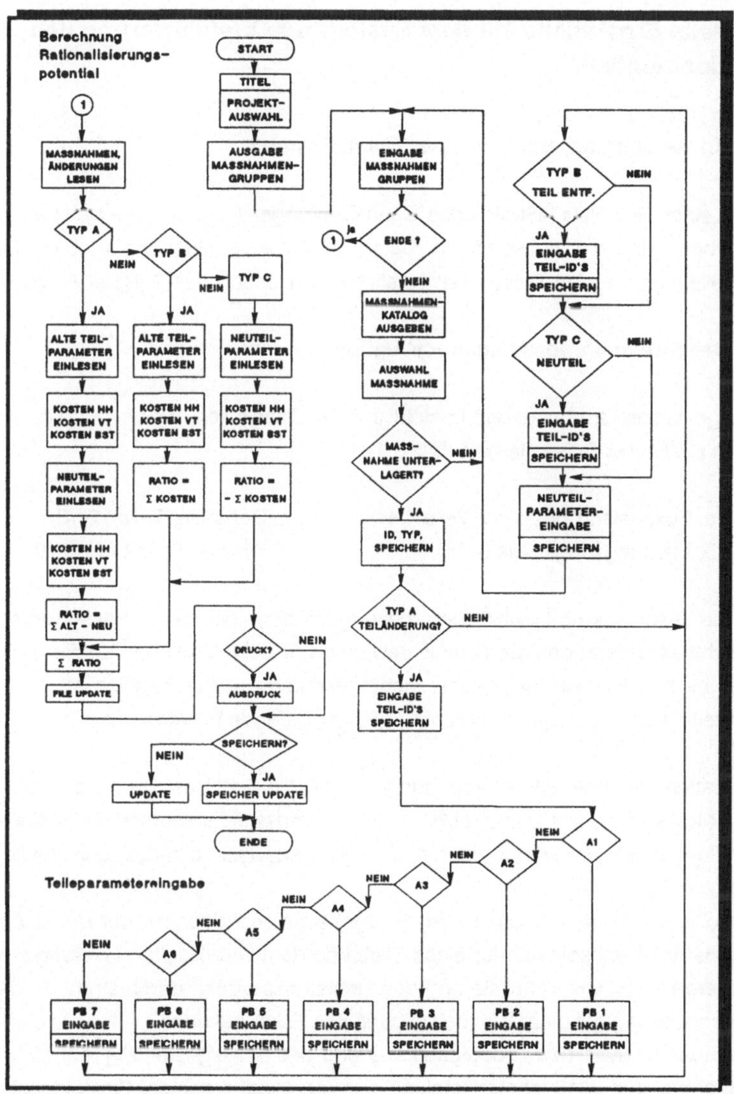

Bild 7.6: Systemablauf in der Anwendung

8. Erzielte Ergebnisse mit dem System zur Quantifizierung des Ratiopotentials

8.1. Anwendung am Beispiel einer Taschenlampe

Anhand eines Beispiels läßt sich das Quantifizierungssystem am deutlichsten veranschaulichen. Um die notwendigen Daten und die Berechnungen exemplarisch darzustellen, wurde eine Taschenlampe als sehr anschauliches Beispiel ausgewählt.

8.1.1. Beschreibung der Ausgangssituation

Die ausgewählte Taschenlampe besteht aus 18 Einzelteilen, welche sich zu 4 Baugruppen zusammenfassen lassen (Bild 8.1):

a. Fokussierabdeckung, Teile 1-4
b. Fassungsring, Teile 5-11
c. Gehäuse, Teile 12-16
d. Deckel, Teile 17 und 18.

Wenn die Taschenlampe einer Überarbeitung mit dem Ziel der verbesserten Montagegerechtheit unterzogen wird, muß gewährleistet sein, daß die Funktionalität voll erhalten bleibt, damit ein realistischer Montagekostenvergleich möglich ist.
Die Einzelteile des vorliegenden Modells erfüllen folgende Funktionen:

- Batteriebetriebene Lichterzeugung
- Fokussierung des Lichtstrahls
- Ein/Aus-Schalten des Lichts
- Blinklicht über Druckschalter
- Auswechselbarkeit der Batterien
- Auswechselbarkeit der Glühbirne

Die Taschenlampe besteht aus einem Rohrgehäuse aus Blech mit der Deckelöffnung für das Batteriewechseln auf der einen Seite und dem verbördelten Fassungsring auf der anderen Seite. Die Fokussierung des Lichtstrahls erfolgt durch Drehung der Fokussierabdeckung auf einer Wendelsteigung des Fassungsrings.
Bei genauer Analyse des Produktaufbaus und der Einzelgestaltung läßt sich unter Zuhilfenahme des Maßnahmenkatalogs zur montagegerechten Produktgestaltung das Produkt an mehreren Stellen montagefreundlicher gestalten.

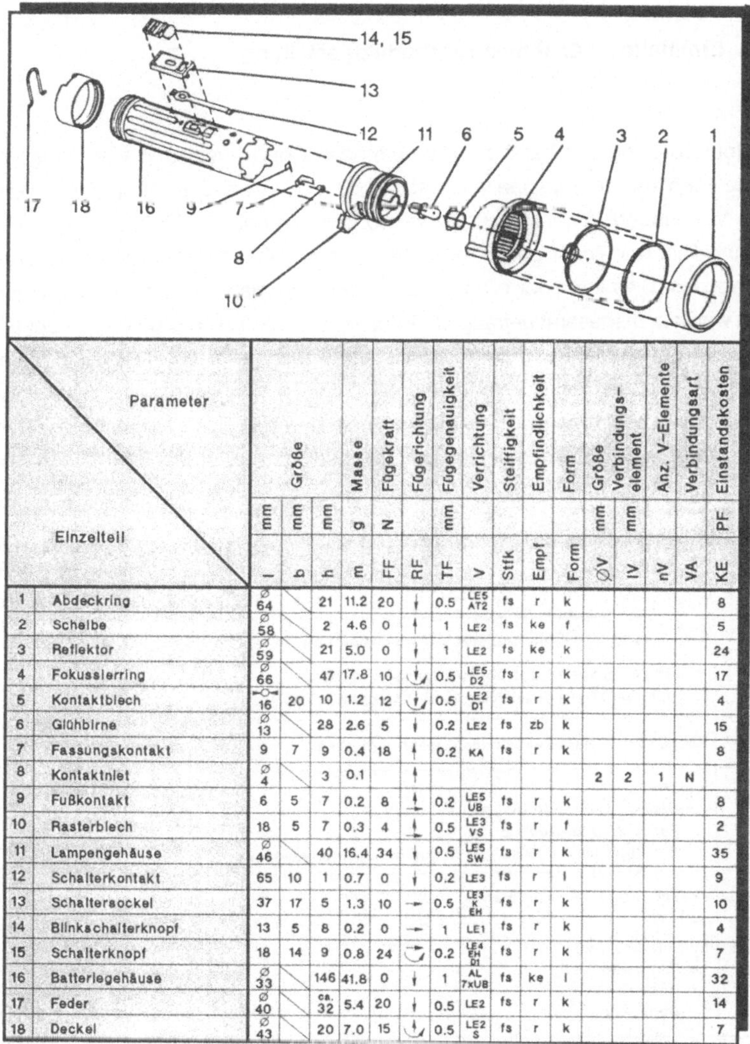

Nr.	Einzelteil \ Parameter	Größe			Masse	Fügekraft	Fügerichtung	Fügegenauigkeit	Verrichtung	Steiffigkeit	Empfindlichkeit	Form	Größe	Verbindungs-element	Anz. V-Elemente	Verbindungsart	Einstandskosten
		mm	mm	mm	g	N		mm					mm	mm			PF
		l	b	h	m	FF	RF	TF	V	Stfk	Empf	Form	ØV	lV	nV	VA	KE
1	Abdeckring	Ø 64		21	11.2	20	↓	0.5	LE5 AT2	fs	r	k					8
2	Scheibe	Ø 58		2	4.6	0	↑	1	LE2	fs	ke	f					5
3	Reflektor	Ø 59		21	5.0	0	↓	1	LE2	fs	ke	k					24
4	Fokussierring	Ø 66		47	17.8	10	↓↻	0.5	LE5 D2	fs	r	k					17
5	Kontaktblech	16	20	10	1.2	12	↓↻	0.5	LE2 D1	fs	r	k					4
6	Glühbirne	Ø 13		28	2.6	5	↓	0.2	LE2	fs	zb	k					15
7	Fassungskontakt	9	7	9	0.4	18	↑	0.2	KA	fs	r	k					8
8	Kontaktniet	Ø 4		3	0.1		↑						2	2	1	N	
9	Fußkontakt	6	5	7	0.2	8	↑→	0.2	LE5 UB	fs	r	k					8
10	Rasterblech	18	5	7	0.3	4	↑→	0.5	LE3 VS	fs	r	f					2
11	Lampengehäuse	Ø 46		40	16.4	34	↓	0.5	LE5 SW	fs	r	k					35
12	Schalterkontakt	65	10	1	0.7	0	↓	0.2	LE3	fs	r	l					9
13	Schaltersockel	37	17	5	1.3	10	→	0.5	LE3 K EH	fs	r	k					10
14	Blinkschalterknopf	13	5	8	0.2	0	→	1	LE1	fs	r	k					4
15	Schalterknopf	18	14	9	0.8	24	↻	0.2	LE4 EH D1	fs	r	k					7
16	Batteriegehäuse	Ø 33		146	41.8	0	↓	1	AL 7xUB	fs	ke	l					32
17	Feder	Ø 40		ca. 32	5.4	20	↓	0.5	LE2	fs	r	k					14
18	Deckel	Ø 43		20	7.0	15	↑↻	0.5	LE2 S	fs	r	k					7

Bild 8.1: Einzelteildarstellung des Montageobjekts (Taschenlampe) (Legende siehe Bild 8.3)

8.1.2. Ermittelte Maßnahmen zur Produktgestaltung

Die Überarbeitung der Taschenlampe ermöglicht die Umsetzung von insgesamt 12 Maßnahmen aus dem Maßnahmenkatalog. Es können dadurch in erster Linie einfachere Verbindungsverfahren zur Anwendung kommen, die Fügerichtungen können vereinheitlicht und linear gestaltet werden, und die Teileanzahl kann erheblich reduziert werden. Dies kann vor allem durch Integration mehrerer Bauteile zu einem Teil erzielt werden. Insgesamt betrachtet, reduziert sich die Teileanzahl von 18 auf 9 Teile. In diesem Zusammenhang wird das bisherige Rohrgehäuse mit Deckel zu einem Topfgehäuse ohne Deckel. Die Funktionalität der Taschenlampe wird durch die Maßnahmen nicht beeinträchtigt. Die Maßnahmen sind Bild 8.2 zu entnehmen. Die sich daraus ergebende Neukonstruktion der Taschenlampe zeigt Bild 8.3.

	Maßnahme	Nr. der Maß-nahme	Beeinflußte Einzelteile	
			Geändert	Entfällt
1	Eliminierung des Klebevorgangs zum Fokussierring Ersatz des Einsetz- und Bördelvorgangs zwischen Lampen- und Batteriegehäuse durch Verschraubung	D 23	4 11, 16	
2	Kontaktblech einrasten und nicht mehr verdrehen	B 44	5	
3	Integration von: - Deckel in das Batteriegehäuse - Feder in Schaltkontakt - Schaltersockel u. Blinkschalterknopf in Batteriegehäuse	B 1	12, (16)	13 14 17 18
4	Fassungskontakt eliminieren	D 1		7
5	Eliminierung von: - Fußkontakt - Rasterblech - Abdeckring	B 2		1 9 10

Bild 8.2: Maßnahmen zur montagegerechten Produktgestaltung am Beispiel Taschenlampe

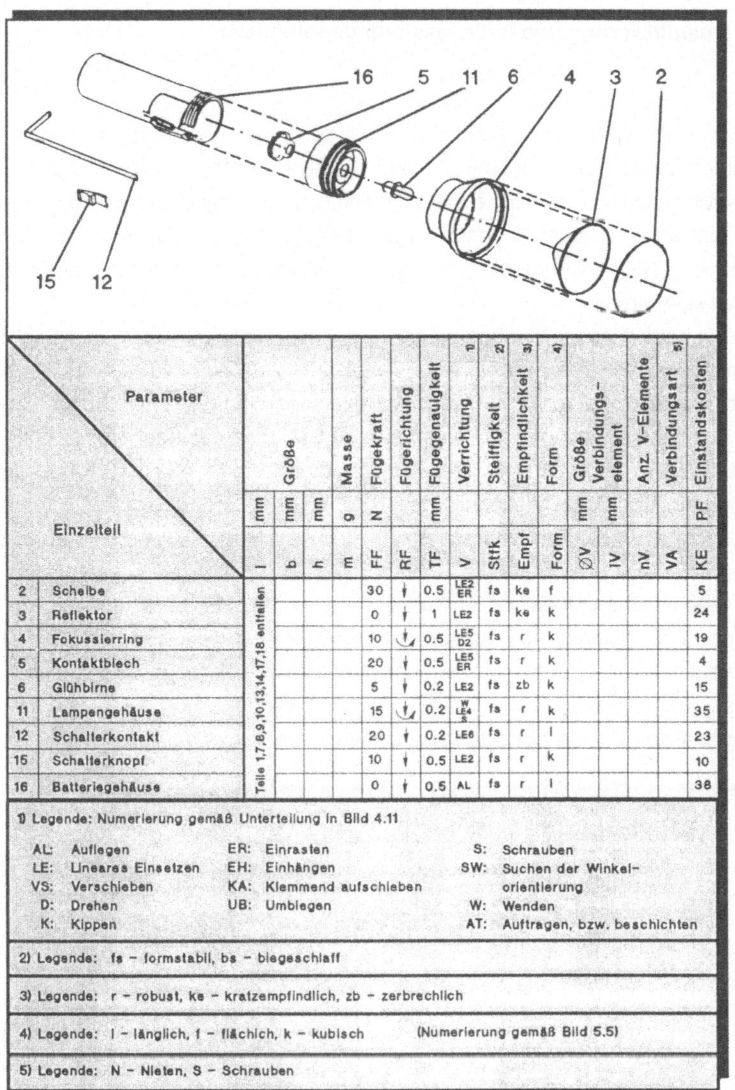

Einzelteil / Parameter		Größe			Masse	Fügekraft	Fügerichtung	Fügegenauigkeit	Verrichtung 1)	Steifigkeit 2)	Empfindlichkeit 3)	Form 4)	Größe Verbindungs-element		Anz. V-Elemente	Verbindungsart 5)	Einstandskosten
		mm	mm	mm	g	N		mm					mm	mm			PF
		l	b	h	m	FF	RF	TF	V	Stfk	Empf	Form	ØV	lV	nV	VA	KE
2	Scheibe	Teile 1,7,8,9,10,13,14,17,18 entfallen				30	↓	0.5	LE2 ER	fs	ke	f					5
3	Reflektor					0	↓	1	LE2	fs	ke	k					24
4	Fokussierring					10	↓↻	0.5	LE5 D2	fs	r	k					19
5	Kontaktblech					20	↓	0.5	LE5 ER	fs	r	k					4
6	Glühbirne					5	↓	0.2	LE2	fs	zb	k					15
11	Lampengehäuse					15	↓↻	0.2	W LE4 S	fs	r	k					35
12	Schalterkontakt					20	↓	0.2	LE6	fs	r	l					23
15	Schalterknopf					10	↓	0.5	LE2	fs	r	k					10
16	Batteriegehäuse					0	↓	0.5	AL	fs	r	l					38

1) Legende: Numerierung gemäß Unterteilung in Bild 4.11

AL:	Auflegen	ER:	Einrasten	S:	Schrauben
LE:	Lineares Einsetzen	EH:	Einhängen	SW:	Suchen der Winkel-orientierung
VS:	Verschieben	KA:	Klemmend aufschieben		
D:	Drehen	UB:	Umbiegen	W:	Wenden
K:	Kippen			AT:	Auftragen, bzw. beschichten

2) Legende: fs - formstabil, bs - biegeschlaff

3) Legende: r - robust, ke - kratzempfindlich, zb - zerbrechlich

4) Legende: l - länglich, f - flächich, k - kubisch (Numerierung gemäß Bild 5.5)

5) Legende: N - Nieten, S - Schrauben

Bild 8.3: Unter Aspekten der Montagefreundlichkeit überarbeitete Produktkonstruktion

8.1.3. Quantifizierung des Rationalisierungspotentials

Die zur Ermittlung der Quantifizierungsergebnisse notwendigen Daten sind zusammen mit der Explosionsdarstellung in Bild 8.1 und Bild 8.3 aufgelistet. Es zeigt sich deutlich, daß sich sämtliche Eingangsdaten in der Ebene der Produktparameter finden lassen. Im Vorher-Nachher-Vergleich ist bereits gut zu erkennen, daß ein Großteil der Rationalisierung durch das Eliminieren von immerhin 9 Teilen zu erwarten sein wird.

Unter den betrieblichen Randbedingungen, daß die Taschenlampen im 1-Schichtbetrieb mit 8 Stunden pro Tag bei einer Jahresstückzahl von 100000 Stück gefertigt werden, ergibt sich durch die ermittelten Maßnahmen ein jährliches Einsparpotential in der automatisierten Montage von 132845.90 DM. Dies bedeutet eine Reduzierung der Stückkosten um 1.33 DM. Dieses Ratiopotential ergibt sich mit 29.4 % aus der Reduzierung der Einstandskosten der Teile. 7.9 % kommen durch vereinfachte Handhabung, 58.8 % durch reduzierten Teilebereitstellungsaufwand und 4.0 % durch optimierten Verbindungsaufwand zustande.Dieses Rationalisierungspotential stellt einen theoretischen, maximal erreichbaren Wert dar. Er setzt voraus, daß die automatisierte Anlage so geplant ist, daß sie ausgelastet ist und keine Abtaktungsverluste durch Auslastungsunterschiede serieller Montagestationen aufweist.

Die Ergebnisse mit Aufschlüsselung in die relevanten Teilpotentiale zeigt Bild 8.4.

Monetäre Quantifizierung des Ratiopotentials

Montageobjekt: Taschenlampe

Rationalisierungspotentiale:

Handhabung:	10.49 Pfg/Stück
Bereitstellung:	78.09 Pfg/Stück
Verbindungstechnik:	5.26 Pfg/Stück
Einstandskosten:	39.00 Pfg/Stück
Summe:	132.84 Pfg/Stück

Bild 8.4: Ratiopotential bei der Umgestaltung einer Taschenlampe

8.2. Einsatz des Rechnerprogramms RAMON

Mit der Anwendung des EDV-Programms zur Ermittlung des Rationalisierungspotentials in der automatisierten Montage RAMON vereinfacht sich die Berechnung drastisch. Aufgrund der Tatsache, daß die Dateneingabe menügeführt ist, die Auswahl der Handhabungs- und Teilebereitstellungskomponenten rechnerintern durchgeführt wird, und die Rechenalgorithmen DV-technisch sehr schnell vollzogen werden können, ist eine Berechnung incl. Dateneingabe ähnlich dem vorliegenden Beispiel in maximal einer Stunde möglich.

In der Ausgabemaske der Ergebnisdarstellung wird das ermittelte Ratiopotential genau danach aufgeschlüsselt, welche Maßnahme die Einsparung in welchem Umfang verursacht hat, welche Teile davon betroffen sind, und in welcher Höhe sich die Teilpotentiale bewegen. Die Ergebnisdarstellungen für das vorliegende Beispiel zeigen Bild 8.5 und Bild 8.6.

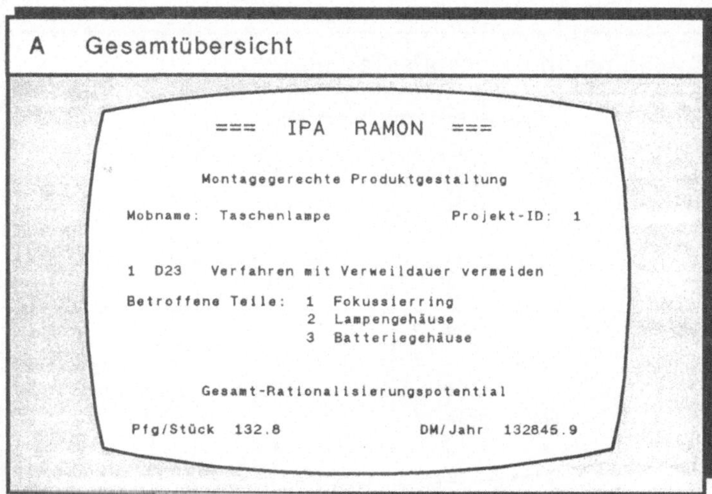

Bild 8.5: Ausgabemaske des Rechnerprogramms RAMON für das Beispiel Taschenlampe (Gesamtübersicht)

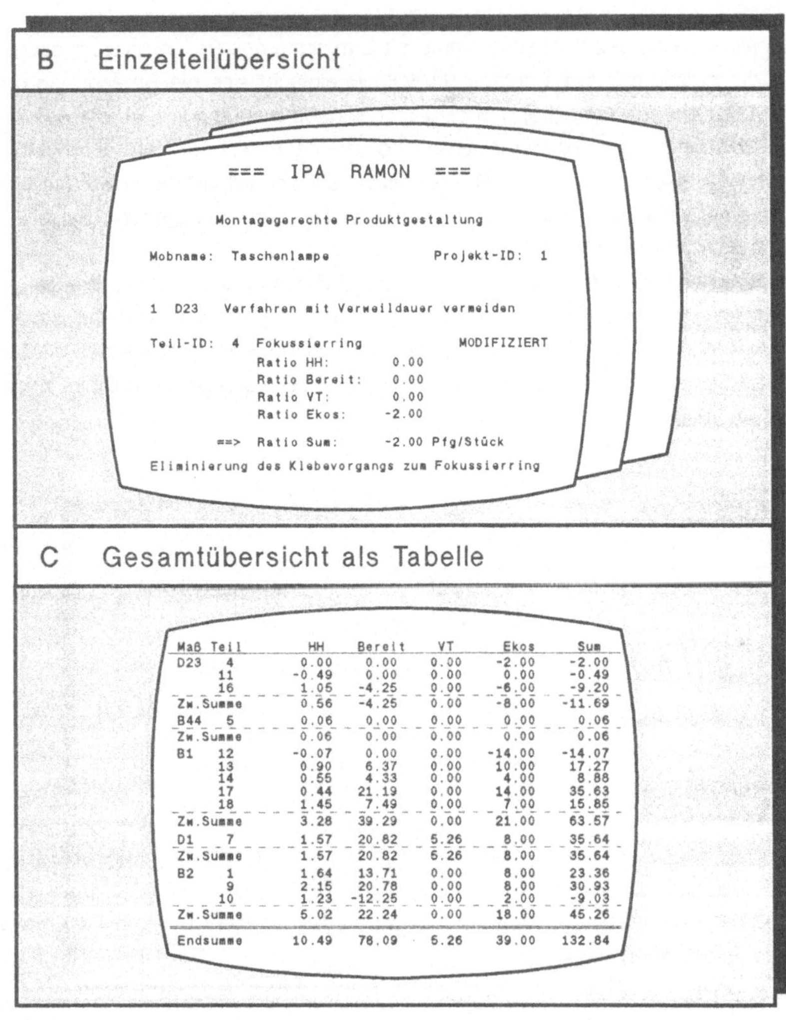

Maß	Teil	HH	Bereit	VT	Ekos	Sum
D23	4	0.00	0.00	0.00	-2.00	-2.00
	11	-0.49	0.00	0.00	0.00	-0.49
	16	1.05	-4.25	0.00	-6.00	-9.20
Zw.Summe		0.56	-4.25	0.00	-8.00	-11.69
B44	5	0.06	0.00	0.00	0.00	0.06
Zw.Summe		0.06	0.00	0.00	0.00	0.06
B1	12	-0.07	0.00	0.00	-14.00	-14.07
	13	0.90	6.37	0.00	10.00	17.27
	14	0.55	4.33	0.00	4.00	8.88
	17	0.44	21.19	0.00	14.00	35.63
	18	1.45	7.49	0.00	7.00	15.85
Zw.Summe		3.28	39.29	0.00	21.00	63.57
D1	7	1.57	20.82	5.26	8.00	35.64
Zw.Summe		1.57	20.82	5.26	8.00	35.64
B2	1	1.64	13.71	0.00	8.00	23.36
	9	2.15	20.78	0.00	8.00	30.93
	10	1.23	-12.25	0.00	2.00	-9.03
Zw.Summe		5.02	22.24	0.00	18.00	45.26
Endsumme		10.49	78.09	5.26	39.00	132.84

Bild 8.6: Ausgabemaske des Rechnerprogramms RAMON für das Beispiel Taschenlampe (Einzelteilübersicht und Übersicht als Tabelle)

9. Zusammenfassung und Ausblick

Mit der vorliegenden Arbeit steht ein Bewertungsinstrumentarium zur Verfügung, mit dem es möglich ist, die Montagevereinfachungen innerhalb der flexibel automatisierten Montage durch die montagegerechte Um- bzw. Neugestaltung eines Produktes kostenmäßig zu quantifizieren.

Diese durch produktgestalterische Maßnahmen erzielbare Einsparung ergibt sich dadurch, daß sich Montagevorgänge durch ihre Vereinfachung zeitlich verkürzen und somit Maschinenstundenaufwand eingespart werden kann und andererseits dadurch, daß sich der Investitionsaufwand für das notwendige automatisierte Montagesystem verringert und dadurch der Maschinenstundensatz niedriger ausfällt. Mit dem Ziel eines aussagekräftigen Entscheidungshilfsmittels wird das zu ermittelnde Rationalisierungspotential in Form einer Stückkostenbetrachtung berechnet. Es setzt sich analog zu der Aufgliederung in Teilsysteme des Montagesystems aus Teilpotentialen zusammen, die sich aus der Aufwandsreduzierung für die Handhabung, die Teilebereitstellung sowie die Verbindungstechnik ergeben. Diese drei Teilsysteme beinhalten immerhin 84% des gesamten, durch Produktgestaltungsmaßnahmen erzielbaren Ratiopotentials.

Die Berechnung der Teilpotentiale basiert auf einer umfangreichen Analyse, mit der die Abhängigkeiten der in der flexibel automatisierten Montage entstehenden Kosten von den an Einzelteilen bzw. Baugruppen änderbaren Produktparametern ermittelt wurden.

Mit der Umsetzung dieser Abhängigkeit ist es möglich, bei einer aus einem strukturierten Maßnahmenkatalog ausgewählten Produktänderungsmaßnahme allein durch die Bestimmung der Produktparameter in einem Vorher - Nachher Vergleich das Rationalisierungspotential zu quantifizieren.

Durch die Tatsache, daß alle Ergebnisse aus den Teilpotentialen trotz unterschiedlicher Kostenermittlungsverfahren auf der Basis DM/Stück errechnet werden, ist es möglich, eine auf ganzheitlichen Montagekosten basierende Produktgestaltungsentscheidung zu treffen, obwohl das für die Montage des Produkts notwendige Montagesystem noch gar nicht existiert.

Durch die dadurch reduzierte Entscheidungsunsicherheit können Entwicklungszeiten reduziert und durch die kürzere 'Time-to-Market'-Zeit Kosten eingespart werden.

Zur einfacheren Handhabung liegt das System als EDV - Programm für IBM - PC vor. Für eine größtmögliche Flexibilität des Programmsystems im Hinblick auf Erweiterung oder Änderung des zugrundeliegenden Daten- und Expertenwissensstandes läuft das Programm auf der Basis einer relationalen Datenbank.
Mit dem System liegt somit ein Hilfsmittel vor, das in der Lage ist, auf pragmatische Art und Weise bei geringem Bearbeitungsaufwand eine Kostenaussage zum Ratiopotential durch montagegerechte Produktgestaltung in ausreichender Genauigkeit machen zu können.
Für weitere Entwicklungsschritte auf diesem Gebiet ist anzustreben, das Programm an die bereits bestehende Software zur Analyse montagetechnischer Schwachstellen SAMOS anzubinden. Damit stünde dem Konstrukteur ein integriertes Hilfsmittel zur Verfügung, um die wesentlichen Schritte der montagegerechten Produktgestaltung computergestützt zu vollziehen.
Darüber hinaus wäre die Integration in ein montagetechnisches Gesamtsystem denkbar, mittels der die Montageplanung unter Minimierung der Kostenfunktionen schon in den Konstruktionsprozeß vorgelagert wird. Unter Nutzbarmachung moderner Methoden der Verarbeitung von Expertenwissen (Künstliche Intelligenz) wäre so durch die Einsparung kostenintensiver Iterationsschritte bei der Produkteinführung eine erhebliche Rationalisierung möglich. Die in der vorliegenden Arbeit zugrundegelegte Datenstrukturierung der montagetechnisch relevanten Produktparameter kann als Ausgangsbasis für ein derartiges integriertes Entwurfs- und Montageplanungssystem dienen. Die Integration müßte dabei unter Anbindung an ein CAD-System erfolgen.
Unter Zuhilfenahme einer automatisierten Vorranggrapherstellung auf der Basis der Parameter kann dann ein Montageanlagenentwurf erstellt und in seinen Kosten berechnet werden.
Durch die Betrachtung alternativer Konstruktionselemente bzw. einem Prozeß des Kostenvergleichs kann so ein Objekt schon in der Konstruktionsphase wirklich montagegerecht gestaltet werden und gleichzeitig der Grundstein für die Planung einer flexibel automatisierten Fertigung gelegt werden.

10. Quellenverzeichnis

1. Abele, E. u.a.: Einsatzmöglichkeiten von flexibel automatisierten Montagesystemen in der industriellen Produktion (Montagestudie). Humanisierung des Arbeitslebens, Band 61. Düsseldorf: VDI-Verlag, 1984.

2. Warnecke, H.-J.: Montage, Handhabung, Industrieroboter: Schwieriges Geschäft mit Zukunft. In: Innovation 4 (1985) 2, S.176-180.

3. Gairola, A.: Montage automatisieren durch montagegerechtes Konstruieren. in: VDI-Z 127 (1985) 11, S.403-408.

4. Dilling, H.-J.: Die Bedeutung der Produktgestaltung für eine rationelle und automatisierte Montage. In: Planung und Einsatz von Automatisierungseinrichtungen. Fachtagung der VDI-Ges.Produktionstechnik (ADB), Bad Soden, 06.03.1985, S.77-119.

5. Schraft, R.D.: Montagegerechte Konstruktion - die Voraussetzung für eine erfolgreiche Automatisierung. In: Proceedings of the 3rd International Conference on Assembly Automation, Böblingen, 25.-27.05.1982, S.165-176.

6. o.V.: VDI-Richtlinie 3237, Blatt 1 u. 2: Fertigungsgerechte Werkstückgestaltung im Hinblick auf automatisches Zubringen, Fertigen und Montieren. Berlin: Beuth, 1967/1973.

7. Bronner, A.: Leitfaden für den Einsatz der Wertanalyse in Klein- und Mittelbetrieben. Eschborn: Rationalisierungskuratorium der deutschen Wirtschaft,1985.

8. Ehrlenspiel, K.: Kostengünstig konstruieren. Berlin: Springer, 1985.

9. Schraft, R.D.: Montagegerechte Produktgestaltung. In: tz für Metallbearbeitung 79 (1985) 6, S. 27-30.

10. Haller, E.: Rechnerunterstützte Gestaltung ortsgebundener Arbeitsplätze, dargestellt am Beispiel kleinvolumiger Produkte. Stuttgart, Universität, Fakultät Fertigungstechnik, Diss. Dr.-Ing., 1982.

11. Walther, J.: Montage großvolumiger Teile mit Industrierobotern. Stuttgart, Universität, Fakultät Fertigungstechnik, Diss. Dr.-Ing., 1985.

12. o.V.: VDI-Richtlinie 2860: Montage- und Handhabungstechnik; Handhabungsfunktionen, Handhabungseinrichtungen, Begriffe, Definitionen, Symbole. Berlin: Beuth, 1990.

13. Frank, H.-E.: Das Verhalten von Werkstücken bei automatisierter Handhabung in der Fertigung Universität Stuttgart, Institut für Industrielle Fertigung und Fabrikbetrieb, 1974 Zugl. Stuttgart, Diss., Univ., 1974

14. Schmidt, G.R.: Herstellkosten im Griff. In: VDI-Berichte; 651. Düsseldorf: VDI-Verlag, 1987, S. 3.

15. Bäßler, R.: Integration der montagegerechten Produktgestaltung in den Konstruktionsprozess. Stuttgart, Universität, Fakultät Fertigungstechnik, Diss. Dr.-Ing., 1987.

16. o.V.: DIN 8580: Fertigungsverfahren; Einteilung und Begriffe, Entwurf. Berlin: Beuth,1985.

17. o.V.: DIN 8593 Teil 0: Fertigungsverfahren Fügen; Einordnung, Unterteilung, Begriffe. Berlin: Beuth, 1985.

18. o.V.: DIN 199 Teil 2: Begriffe im Zeichnungs- und Stücklistenwesen. Berlin, Köln: Beuth, 1977.

19. Warnecke, H.-J.; Bäßler, R.: Vorgehensweisen zur montagegerechten Produktgestaltung. In: Robotersysteme 3 (1987) 1, S. 1-9.

20. Bäßler, R.; Schmaus, T.: Procedure for assembly-oriented product design. In: Design for Manufacture and Assembly. Conference Newport, Rhode Island 6.- 8.4. 1987.

21. Warnecke, H.-J.; Bullinger, H.J.; Hichert, R.: Kostenrechnung für Ingenieure. München: Hanser,1978.

22. Busch, W.; Heller, W.: Relativkostenkataloge als Hilfsmittel zur Kostenfrüherkennung. In: DIN-Mitteilungen 59 (1980) 1, S. 21-26.

23. Schuppar, H.: Rechnergestützte Erstellung und Aktualisierung von Relativkostenkatalogen. Aachen, RWTH, Fakultät für Maschinenwesen, Diss. Dr.-Ing., 1977.

24. Esken, R.L.: Konstruieren für die automatische Montage. In: technica 9 (1960) 24, S.1487-1491.

25. Barthelmeß, P.: Montagegerechtes Konstruieren durch die Integration von Produkt- und Montageprozeßgestaltung. München, Technische Universität, Diss. Dr.-Ing.,1987

26. Dolezalek, C.M.: Die Automatisierung beginnt bei der Erzeugnis-Konstruktion. In: Werkstattstechnik 54 (1964) 10, S. 477-480.

27. Witte, K.W.: Montagegerecht gestaltete Produkte - Voraussetzung für eine rationelle Montage. In: Zeitschrift für wirtschaftliche Fertigung 79 (1984) 7, S. 316-321.

28. Andreasen, M.; Kähler, S.; Lund, T.: Design für Assembly. Berlin u.a.: Springer, 1983.

29. Dilling, H.-J.: Methodisches Rationalisieren von Fertigungsprozessen am Beispiel montagegerechter Gestaltung. Darmstadt, Technische Hochschule, Diss. Dr.-Ing., 1978.

30. Mehnert, F.: Konstruktionshilfen für das montagegerechte Konstruieren im Konstruktionsprozess. Dresden, Technische Universität, Diss. Dr.-Ing., 1978.

31. o.V.: VDI-Richtlinie 3237, Blatt 1: Fertigungsgerechte Werkstückgestaltung im Hinblick auf automatisches Zubringen, Fertigen und Montieren. Berlin: Beuth, 1967.

32. Lorenzen, H.: Wirtschaftliche Produktgestaltung. In: Leistungssteigerung von Entwicklung und Forschung im Maschinenbau. Frankfurt: VDMA, 1976.

33. o.V.: VDI-Richtlinie 2225, Blatt 1 u. 2: Technisch-wirtschaftliche Bewertung. Berlin, Köln: Beuth,1977.

34. Kesselring, F.: Technische Kompositionslehre. Berlin: Springer, 1954.

35. Hansen, F.: Konstruktionssystematik. Berlin: Verlag Technik, 1966.

36. o.V.: DIN 32990 Teil 1: Kosteninformationen; Kostenrechnung und Kosteninformations-Unterlagen in der Maschinenindustrie; Begriffe. Berlin: Beuth, 12/1989.

37. o.V.: DIN 32991 Teil 1: Kosteninformationen; Kosteninformations-Unterlagen; Gestaltungsgrundsätze. Berlin: Beuth, 1987.

38. o.V.: DIN 32992 Teil 1: Kosteninformationen; Berechnungsgrundlagen; Kalkulationsarten und -verfahren. Berlin: Beuth, 1987.

39. Albien, E.; Heller, W.: Aufbau von Relativkostenkatalogen für Norm- und Kaufteile, Werkstoffe und Halbzeuge. In: DIN-Mitteilungen 59 (1980), S.229-240

40. Busch,W.: Relativkosten-Kataloge als Hilfsmittel zur Kostenfrüherkennung. In: VDI-Berichte; 347. Düsseldorf: VDI-Verlag,1979, S. 143-149.

41. Eversheim, W.; Schuppar, M.: Rechnergestütztes Erstellen und Aktualisieren von Relativkosten-Katalogen. In: Industrieanzeiger 99 (1977), S.958-960.

42. Claussen, U.: Anwendung allgemein zugänglicher Relativkosten-Kennwerte für Bewertung und Vergleich von Produkten und Entwürfen. In: VDI-Berichte 683; Düsseldorf: VDI-Verlag, 1988, S. 179-194.

43. Schulze, G.C.: Relativkostenfaktoren in der metallverarbeitenden Fertigung. In: FB/IE 30 (1981) 2, S. 86-101.

44. Lotter, B.: Wirtschaftliche Montage. Düsseldorf: VDI-Verlag, 1986.

45. Miyakawa, S.; Ohashi, T.: The Hitachi Assemblability Method (AEM). In: International Conference on Product Design for Assembly. Troy Conferences. Rochester, Michigan, 12.-14.04.1986.

46. Bäßler, R.; Schmaus, T.: Möglichkeiten der Bewertung der montagegerechten Produktgestaltung. In: wt-Z.ind.Fertig. 76 (1986) 12, S. 757-760.

47. Boothroyd, G; Dewhurst, P.: Design for Assembly Handbook. Amherst, Mass.: Salford University Industrial Centre Ltd, 1983.

48. Boothroyd, G.; Dewhurst, P. Design for Assembly: Automatic Assembly. In: Machine Design 56 (1984) 2, S. 87-92.

49. Boothroyd, G.; Dewhurst, P.: Economic Applications of Assembly Robots .In: 12th Conference on Product Research and Technology; advanced systems for manufacturing, 1985, S.167-170.

50. Gairola, A.: Montagegerechtes Konstruieren: ein Beitrag zur Konstruktionsmethodik. Darmstadt, Technische Hochschule, Diss. Dr.-Ing., 1981.

51. Ende, G.: Methode zum Bewerten der Montagegerechtheit im Maschinenbau. Karl-Marx-Stadt, TH, Fakultät für Maschinenwesen, Diss. Dr-Ing., 1980.

52. Braune, G.; Streck, B.: Betriebswirtschaftslehre für technische und naturwissenschaftliche Fach- und Führungskräfte. Grafenau: Expert Verlag, 1981.

53. Blanchard, B.S.: Design to life cycle cost. Portland, Oreg. (USA): M/A Press, 1978.

54. Domin, A.; Maskow, J.: Design to Cost (DTC) - eine Methode zur Kostenreduzierung in der Produktentwicklungsphase. In: Konstruktion 37 (1985) 10, S. 395-399.

55. o.V.: Statistisches Handbuch für den Maschinenbau. Frankfurt: Maschinenbau-Verlag, 1990.

56. Ehrlenspiel, K.: Auswertung von Wertanalysen zur Ermittlung von Kosteneinflüssen und Hilfsmitteln zum kostenarmen Konstruieren. DFG-Bericht zu Projekt Eh 46/6 (1978).

57. o.V.: REFA: Methodenlehre des Arbeitsstudiums; Teil 1 Grundlagen, Teil 2: Datenermittlung. München: Hanser, 1971.

58. o.V.: MTM Handbuch I, Grundlehrgangsunterlage, 3. Auflage. Hamburg, Deutsche MTM Vereinigung e.V., 1981.

59. Roth, K.: Konstruieren mit Konstruktionskatalogen. Berlin, Heidelberg, New York: Springer, 1982.

60. Weber, J.: Logistikkosten- und Leistungsrechnung. Sindelfingen: Techno Congress, 1988.

61. Walther, J.; u.a.: Vorschläge für eine montagegerechte PKW-Konstruktion. Unveröffentlichter Abschlußbericht, 1986.

62. Horváth, P.: Controlling. München: Verlag Vahlen, 1979.

63. Hürlimann, W.: Methodenkatalog. Bern, Frankfurt a.M., Las Vegas: Peter Lang, 1981.

64. Wild, J.: Grundlagen der Unternehmensplanung. Reinbek bei Hamburg: Rowohlt, 1975.

65. Warnecke, H.-J.; Schraft, R.D.: Industrieroboter Katalog 91. Mainz, Vereinigte Fachverlage, 1991.

66. Norusis, M.J.: SPSS-X Andvanced Statistics Guide. New York: McGraw-Hill, 1985.

67. Neter, J.; Wassermann, W.: Applied Linear Statistical Models. Homewood: R.D. Irwin Inc., 1974.

68. Schöninger, J.: Planung taktzeitoptimierter flexibler Montagestationen. Stuttgart, Universität, Fak. Konstruktions- und Fertigungstechnik, Diss. Dr.-Ing., 1989.

69. Wanner, M.-C.: Rechnergestützte Verfahren zur Auslegung der Mechanik von Industrierobotern. Stuttgart, Universität, Fak. Fertigungstechnik Diss. Dr.-Ing., 1988.

70. Schlaich, G.; Schöninger, J.: Auf die Plätze, fertig, los. In: Roboter 5 (1987) 5, S. 21-25.

71. Lumpp, J.: Taktzeitelemente in einer flexiblen Montagestation. Stuttgart, Universität, Lehrstuhl für Industrielle Fertigung und Fabrikbetrieb, Studienarbeit, 1987.

72. o.V.: VDI-Richtlinie 3300: Materialfluß-Untersuchungen. Düsseldorf: VDI-Verlag, 1973.

73. o.V.: DIN 4000 Teil 1: Sachmerkmale: Anwendung in der Praxis. Berlin, Köln: Beuth-Verlag, 1979.

74. Opitz, H.: Werkstückbeschreibendes Klassifizierungssystem. Essen: Giradet, 1965.

75. Schanz, R.: Entwicklungs- und Planungshilfen zum Aufbau von flexiblen Ordnungssystemen. Stuttgart, Universität, Fak. Fertigungstechnik, Diss. Dr.-Ing., 1988.

76. Niess, P.S.: Die Auslegung von Zuführanlangen in automatisierten Montageeinrichtungen - Vorgehensweise, Kriterien, Beispiele. In: VDI-Berichte; 479. Düsseldorf: VDI-Verlag 1983, S. 45-52.

77. Warnecke, H.-J.; Weiss, K.: Katalog Zubringeinrichtungen. Mainz: Krausskopf, 1978.

78. Arbeitsgemeinschaft Prozeßperipherie im VDMA Steuerung von Montagezellen Leitfaden zur praxisorientierten Gestaltung Frankfurt (Main): 1990

IPA Forschung und Praxis

Schriftenreihe aus dem Institut für Produktionstechnik und Automatisierung, Stuttgart

Herausgeber. Prof. Dr.-Ing. H. J. Warnecke

Datenerfassung im Produktionsbereich
Von E Bendeich ISBN 3-7830-0117-8
1977, 176 Seiten, kartoniert 54,— DM

Methodenauswahl für die Materialbewirtschaftung in Maschinenbau-Betrieben
Von H Graf ISBN 3-7830-0136-6
1977 144 Seiten, kartoniert 54,— DM

Systematische Auswahl von Förderhilfsmitteln für den innerbetrieblichen Materialfluß
Von W Rau ISBN 3-7830-0139-0
1977, 103 Seiten, kartoniert 40,— DM

Grundlagen zur Planung von Ersatzteilfertigungen
Von E Schulz ISBN 3-7830-0138-2
1977, 98 Seiten, kartoniert 40,— DM

Rechnerunterstützte Fabrikplanung
Von B Minten ISBN 3-7830-0116-1
1977, 124 Seiten, kartoniert 38,— DM

Eine Planungsmethode für automatische Montagesysteme
Von H-G Lohr ISBN 3-7830-0120-X
1977, 108 Seiten, kartoniert 32,— DM

Planung und Bewertung von Arbeitssystemen in der Montage
Von H Metzger ISBN 3-7830-0131-5
1977, 108 Seiten, kartoniert 40,— DM

Klassifizierungssystem für Prüfmittel der industriellen Längenprüftechnik
Von R Czetto ISBN 3-7830-0144-7
1978, 181 Seiten, kartoniert 64,— DM

Rechnerunterstützte Montageplanung
Von O Hirschbach ISBN 3-7830-0149-8
1978, 146 Seiten, kartoniert 52,— DM

Rechnerunterstützte Entwicklung von Simulationsmodellen für Unternehmensplanspiele
Von A Moker ISBN 3-7830-0147-1
1978, 181 Seiten, kartoniert 64,— DM

Arbeitsplatzanalysen zur Ermittlung der Einsatzmöglichkeiten und Anforderungen an Industrieroboter
Von G Herrmann ISBN 37830-0151-X
1978, 113 Seiten, kartoniert 40,— DM

MFSP — Ein Verfahren zur Simulation komplexer Materialflußsysteme
Von G Stemmer ISBN 3-7830-0118-8
1977, 140 Seiten, kartoniert 60,— DM

Berührungslose Erkennung durch Positionsbestimmung von Objekten durch inkohärent-optische Korrelation
Von M König ISBN 3-7830-0137-4
1977, 110 Seiten, kartoniert 40,— DM

Auslegung von Störungspuffern in kapitalintensiven Fertigungslinien
Von R v Stetten ISBN 3-7830-0140-4
1977, 154 Seiten, kartoniert 56,— DM

Flexible Transportablaufsteuerung
Von G Romer ISBN 3-7830-0114-5
1977, 188 Seiten, kartoniert 60,— DM

Rechnergestützte Realplanung von Fabrikanlagen
Von T-K Sauter ISBN 3-7830-0119-6
1977, 108 Seiten, kartoniert 32,— DM

Systematisches Auswählen und Konzipieren von programmierbaren Handhabungsgeräten
Von R D Schraft ISBN 3-7830-0115-3
1977, 108 Seiten, kartoniert 32,— DM

Auslandsproduktion
Von W Cypris ISBN 3-7830-0145-5
1978, 126 Seiten, kartoniert 42,— DM

Wirtschaftlicher Einsatz von Mehrkoordinatenmeßgeräten
Von M Dietzsch ISBN 3-7830-0148-X
1978, 142 Seiten, kartoniert 52,— DM

Fertigungssteuerung bei flexiblen Arbeitsstrukturen
Von K-G Lederer ISBN 3-7830-0146-3
1978, 128 Seiten, kartoniert 42,— DM

Untersuchungen zum Polieren und Entgraten durch elektrochemisches Oberflächenabtragen
Von K Zerweck ISBN 3-7830-0150-1
1978, 110 Seiten, kartoniert 40,— DM

Stufenweise Ableitung eines praktischen Planungssystems für den Entwicklungsbereich
Von R Hichert ISBN 3-7830-0149-8
1978, 151 Seiten, kartoniert 52,– DM

Produktionsplanung mit Auftragsfamilien
Von U W Geitner ISBN 3-7830-0161 7
1979, 110 Seiten, kartoniert 45 - DM

Thermisch-chemisches Entgraten
Von T Wagner ISBN 3-7830-0164-1
1979, 111 Seiten, kartoniert 45 - DM

Untersuchung der Materialflußkosten bei ausgewählten Systemen der Zentralen Arbeitsverteilung
Von R Wenzel ISBN 3-7830-0162-5
1979, 168 Seiten, kartoniert 86 - DM

Anpassung und Einfuhrung eines Planungssystems fur die Ablaufplanung im Konstruktionsbereich
Von W Dangelmaier ISBN 3-7830-0163-3
1979 168 Seiten, kartoniert 80 - DM

Längenmessungen an bewegten Teilen mit berührungslos wirkenden Aufnehmern
Von H Lang ISBN 3-7830-0157-9
1979, 89 Seiten, kartoniert 42 - DM

Untersuchung multistabiler Strömungselemente und ihr Einsatz in sequentiellen Steuerungen
Von A Ernst ISBN 3-7830-0157-9
1979 122 Seiten, kartoniert 48 DM

Taktile Sensoren für programmierbare Handhabungsgeräte
Von M Schweizer ISBN 3-7830-0158-7
1979, 91 Seiten, kartoniert 42 – DM

Die rechnerunterstutzte Prüfplanung
Von P Blasing ISBN 3-7830-0152-8
1979, 100 Seiten, kartoniert 44 – DM

Verfahren zur Fabrikplanung im Mensch-Rechner-Dialog am Bildschirm
Von W Ernst ISBN 3-7830-0156-0
1979, 218 Seiten, kartoniert 72 – DM

Rechnerunterstütztes Verfahren zur Leistungsabstimmung von Mehrmodell-Montagesystemen
Von M Gorke ISBN 3-7830-0155-2
1979, 139 Seiten, kartoniert 50 - DM

Standortbezogene Betriebsmittel
Von G Pflieger ISBN 3-7830-0167-6
1979, 127 Seiten kartoniert 52 - DM

Die betriebswirtschaftliche Beurteilung neuer Arbeitsformen
Von B -H Zippe ISBN 3-7830-0168-4
1979, 350 Seiten, kartoniert 98 – DM

Untersuchung des Arbeitsverhaltens programmierbarer Handhabungsgerate
Von B Brodbeck ISBN 3-7830-0169-2
1979, 117 Seiten, kartoniert 48 - DM

Untersuchung eines kohärent-optischen Verfahrens zur Rauheitsmessung
Von N Rau ISBN 3-7830-0174-9
1979, 117 Seiten, kartoniert 48 – DM

Entwicklung einer programmierbaren, pneumatischen Steuerung
Von D Klemenz ISBN 3-7830-0171-4
1979, 93 Seiten, kartoniert 42 - DM

IPA Forschung und Praxis

Berichte aus dem Fraunhofer-Institut für Produktionstechnik und Automatisierung, Stuttgart, und dem Institut für Industrielle Fertigung und Fabrikbetrieb der Universität Stuttgart

Herausgeber: Prof Dr-Ing. H. J. Warnecke

---

38 **Arbeitsgangterminierung mit variabel strukturierten Arbeitsplänen — Ein Beitrag zur Fertigungssteuerung flexibler Fertigungssysteme**
Von U Maier ISBN 3-540-10213-2
1980, 111 Seiten mit 45 Abbildungen 43,– DM

39 **Kapazitätsabgleich bei flexiblen Fertigungssystemen**
Von P S Nieß ISBN 3-540-10372-4
1980, 151 Seiten mit 57 Abbildungen 48 – DM

40 **Schichtdickenverteilung auf galvanisierten Paßteilen am Beispiel kleiner abgesetzter Wellen und Bohrungen**
Von D Wolfhard ISBN 3-540-10373-2
1980, 177 Seiten mit 83 Abbildungen 48 – DM

41 **Planung von Mehrstellenarbeit unter Berücksichtigung von Umfeldaufgaben**
Von S Haußermann ISBN 3-540-10374-0
1980, 136 Seiten mit 59 Abbildungen 48,– DM

42 **Untersuchungen zur Schmierfilmdicke in Druckluftzylindern — Beurteilung der Abstreifwirkung und des Reibungsverhaltens von Pneumatikdichtungen mit Hilfe eines neu entwickelten Schmierfilmdicken-meßverfahrens**
Von R Kohnlechner ISBN 3-540-10375-9
1980, 100 Seiten mit 38 Abbildungen und 4 Tabellen 43 – DM

43 **Typologie zum überbetrieblichen Vergleich von Fertigungssteuerungsverfahren im Maschinenbau**
Von G Rabus ISBN 3-540-10376-7
1980, 174 Seiten mit 88 Abbildungen und 21 Tafeln 48,– DM

44 **System zur Planung des Umlaufbestandes in Betrieben mit Serienfertigung**
Von K-G Wilhelm ISBN 3-540-10377-5
1980, 142 Seiten mit 67 Abbildungen und 15 Tafeln 48,– DM

45 **Rechnerunterstützte Arbeitsplanerstellung mit Kleinrechnern, dargestellt am Beispiel der Blechbearbeitung**
Von W Hoheisel ISBN 3-540-10505-0
1981, 169 Seiten mit 74 Abbildungen 48,– DM

46 **Beitrag zur Verbesserung der Wirtschaftlichkeit EDV-unterstützter Fertigungssteuerungssysteme durch Schwachstellenanalyse**
Von J Lienert ISBN 3-540-10506-9
1981, 148 Seiten mit 37 Abbildungen 48 – DM

47 **Die Abscheidung von Öl an Entlüftungsöffnungen drucklufttechnischer Anlagen**
Von W-D Kiessling ISBN 3-540-10604-9
1981, 117 Seiten mit 48 Abbildungen und 3 Tabellen 43,– DM

48 **Dynamische Optimierung technisch-ökonomischer Systeme**
Von J Warschat ISBN 3-540-10717-7
1981, 132 Seiten mit 60 Abbildungen 43,– DM

49 **Bildsensor zur Mustererkennung und Positionsmessung bei programmierbaren Handhabungsgeräten**
Von H Geißelmann ISBN 3-540-10735-5
1981, 125 Seiten mit 52 Abbildungen 43,– DM

50 **Verfügbarkeitsberechnung für komplexe Fertigungseinrichtungen**
Von Ekkehard Gericke ISBN 3-540-10779-7
1981, 132 Seiten mit 71 Abbildungen 43,– DM

51 **Materialflußgestaltung in Fertigungssystemen**
Von Willi Roßner ISBN 3-540-10888-2
1981, 149 Seiten mit 76 Abbildungen 48,– DM

52 **Beitrag zur Analyse der Auswirkungen der Mikroelektronik, dargestellt am Beispiel der Büromaschinen-Industrie**
Von Werner Neubauer ISBN 3-540-10991-9
1981, 145 Seiten mit 27 Abbildungen und 47 Tabellen 43,– DM

53 **Modelle von Informationssystemen zur kurzfristigen Fertigungssteuerung und ihre Gestaltung nach betriebsspezifischen Gesichtspunkten**
Von Roland Gentner ISBN 3-540-10992-7
1981, 181 Seiten mit 69 Abbildungen und 7 Tabellen 48,– DM

54 **Entwicklung von Verfahren zur Terminplanung und -steuerung bei flexiblen Montagesystemen**
Von Jurgen H Kolle ISBN 3-540-11227-8
1981, 132 Seiten mit 64 Abbildungen und 1 Faltplan 43,– DM

55 **Arbeits- und Kapazitätsteilung in der Montage**
Von Stefan Dittmayer ISBN 3-540-11228-6
1981, 124 Seiten und 56 Abbildungen 43,– DM

56 **Beitrag zur systematischen Planung der Qualitätsprüfung bei Klein- und Mittelserienfertigung**
Von Herbert Babic. ISBN 3-540-11325-8
1982, 108 Seiten mit 38 Abbildungen und 7 Tabellen 53,– DM

57 **Methode zur rechnerunterstützten Einsatzplanung von programmierbaren Handhabungsgeräten**
Von Uwe Schmidt-Streier ISBN 3-540-11355-X
1982, 188 Seiten mit 72 Abbildungen 53 – DM

58 **Werkstoff- und Energiekennwerte industrieller Lackieranlagen, am Beispiel der Automobilindustrie**
Von Rainer Manfred Thiel ISBN 3-540-11356-8
1982, 116 Seiten mit 59 Abbildungen 53 – DM

59 **Maßnahmen zum Verbessern der pneumatischen Lackzerstäubung – Teilchengrößenbestimmung im Spritzstrahl –**
Von Klaus Werner Thomer ISBN 3-540-11507-2
1982, 162 Seiten mit 94 Abbildungen und 1 Tabelle 53 – DM

60 **Ermittlung und Bewertung von Rationalisierungsmaßnahmen im Produktionsbereich**
Von Jurgen Schilde ISBN 3-540-11730-X
1982, 158 Seiten mit 57 Abbildungen 53 – DM

61 **Untersuchung von Verfahren der Reihenfolgeplanung und ihre Anwendung bei Fertigungszellen**
Von Mohamed Osman ISBN 3-540-11747-4
1982, 124 Seiten mit 32 Abbildungen und 3 Tabellen 53.– DM

62 **Ein Simulationsmodell zur Planung gruppentechnologischer Fertigungszellen**
Von Volker Saak ISBN 3-540-11747-4
1982, 134 Seiten mit 53 Abbildungen 53 – DM

63 **Verfahren zur technischen Investitionsplanung automatisierter Fertigungsanlagen**
Von Gunter Vettin ISBN 3-540-11747-4
1982, 134 Seiten mit 63 Abbildungen 53 – DM

64 **Pneumatische Sensoren zur prozeßsimultanen Messung des Werkzeugverschleißes und zur Kollisionsvermeidung beim Messerkopffrasen**
Von Wolfgang Jentner ISBN 3-540-11747-4
1982, 126 Seiten mit 47 Abbildungen und 6 Tabellen 53 – DM

65 **Rechnerunterstützte Gestaltung ortsgebundener Montagearbeitsplätze, dargestellt am Beispiel kleinvolumiger Produkte**
Von Eberhard Haller ISBN 3-540-12015-7
1982, 130 Seiten mit 43 Abbildungen 53 – DM

66 **Fernsehüberwachung von Schutzgasschweißvorgängen mit abschmelzender Elektrode MIG – MAG**
Von Ruprecht Niepold ISBN 3-540-12181-7
1983, 178 Seiten mit 73 Abbildungen und 5 Tabellen 58 – DM

67 **Entwicklung flexibler Ordnungssysteme für die Automatisierung der Werkstückhandhabung in der Klein- und Mittelserienfertigung**
Von Karl Weiss ISBN 3-540-12455-1
1983, 116 Seiten mit 68 Abbildungen 58 – DM

68 **Automatisierte Überwachungsverfahren für Fertigungseinrichtungen mit speicherprogrammierten Steuerungen**
Von Werner Eißler ISBN 3-540-12456-X
1983, 128 Seiten mit 66 Abbildungen 58 – DM

69 **Prozeßüberwachung beim Galvanoformen**
Von Jurgen Wilhelm Bocker ISBN 3-540-12457-8
1983, 118 Seiten mit 32 Abbildungen 58.– DM

70 **LAPEX – Ein rechnerunterstütztes Verfahren zur Betriebsmittelzuordnung**
Von Stephan Mayer ISBN 3-540-12490-X
1983, 162 Seiten mit 34 Abbildungen und 2 Tabellen 58 – DM

71 **Gestaltung eines integrierten Produktionssystems für die Sortenfertigung unter Einsatz der Clusteranalyse**
Von Gerald Weber ISBN 3-540-12650-3.
1983, 194 Seiten mit 54 Abbildungen 58 – DM

72 **Gußputzen mit sensorgefuhrten, programmierbaren Handhabungsgeräten**
Von Eberhard Abele ISBN 3-540-12651-1
1983, 133 Seiten mit 66 Abbildungen 58,– DM

73 **Untersuchungen zur Herstellung und zum Einsatz galvanogeformter Erodierelektroden**
Von Harald Muller ISBN 3-540-12822-0
1983, 148 Seiten mit 78 Abbildungen 58,– DM

74 **Ein Beitrag zur Optimierung der Prozeßführungsstrategien automatisierter Förder- und Materialflußsysteme**
Von Hans Steffens ISBN 3-540-12968-5
1983 161 Seiten mit 60 Abbildungen 58,– DM

75 **Entwicklung eines Verfahrens zur wertmäßigen Bestimmung der Produktivität und Wirtschaftlichkeit von Personalentwicklungsmaßnahmen in Arbeitsstrukturen**
Von Christian Muller ISBN 3-540-13041-1
1983 129 Seiten mit 34 Abbildungen. 58,– DM

76 **Berechnung der Gestaltanderung von Profilen infolge Strahlverschleiß**
Von Wolfgang Marx ISBN 3-540-13054-3
1983 121 Seiten mit 58 Abbildungen. 58,– DM

77 **Algorithmen zur flexiblen Gestaltung der kurzfristigen Fertigungssteuerung**
Von Rudolf E. Scheiber ISBN 3-540-13500-6
1984, 150 Seiten mit 73 Abbildungen und 1 Tabelle 63 – DM

78 **Galvanisieren mit moduliertem Strom**
Von Jurgen Wolfgang Mann ISBN 3-540-13733-5
1984, 145 Seiten und 58 Abbildungen 63,– DM

79 **Fluoreszenzmeßverfahren zur Schmierfilmdickenmessung in Wälzlagern**
Von Wolfgang Schmutz ISBN 3-540-13777-7
1984, 141 Seiten und 66 Abbildungen 63,– DM

IPA-IAO Forschung und Praxis

Berichte aus dem Fraunhofer-Institut für Produktionstechnik und Automatisierung (IPA), Stuttgart, Fraunhofer-Institut für Arbeitswirtschaft und Organisation (IAO), Stuttgart, und Institut für Industrielle Fertigung und Fabrikbetrieb der Universität Stuttgart

Herausgeber: Prof. Dr.-Ing. H. J. Warnecke und Prof. Dr.-Ing. H.-J. Bullinger

---

80 **Flexibilität und Kapazitat von Werkstückspeichersystemen**
Von Bernhard Graf ISBN 3-540-13970-2
1984, 115 Seiten mit 71 Abbildungen 03,– DM

T1 **Flexible Fertigungssysteme**
17 IPA-Arbeitstagung zusammen mit der 3 Internationalen Konferenz
„Flexible Manufacturing Systems (FMS-3)", ISBN 3-540-13807-2
1984, 249 Seiten mit zahlreichen Abbildungen 118,– DM

T2 **Integrierte Bürosysteme**
3 IAO-Arbeitstagung ISBN 3-540-13978-8
1984, 633 Seiten mit zahlreichen Abbildungen 168,– DM

81 **Rechnerunterstutzte Planung von Montageablaufstrukturen für Erzeugnisse der Serienfertigung**
Von Ernst-Dieter Ammer ISBN 3-540-15056-0
1985, 120 Seiten mit 1 Faltblatt und 33 Abbildungen 63,– DM

82 **Flexibilität von personalintensiven Montagesystemen bei Serienfertigung**
Von Heinrich Vahning ISBN 3-540-15093-5
1985, 152 Seiten mit 49 Abbildungen 63 – DM

83 **Ordnen von Werkstücken mit programmierbaren Handhabungsgeräten und Werkstuckerkennungssensoren**
Von Ingo Schmidt ISBN 3-540-15375-6
1985, 111 Seiten mit 66 Abbildungen 63,– DM

84 **Systematische Investitionsplanung**
Von Jorge Moser ISBN 3-540-15370-5
1985, 190 Seiten mit 69 Abbildungen 63 – DM

T3 **Montage Handhabung Industrieroboter**
Internationaler MHI-Kongreß im Rahmen der Hannover-Messe '85 ISBN 3-540-15500-7
1985, 267 Seiten mit zahlreichen Abbildungen 128,– DM

85 **Flexible Montagesysteme – Konzeption und Feinplanung durch Kombination von Elementen**
Von Peter Konold / Bernd Weller ISBN 3-540-15606-2
1985, 162 Seiten mit 71 Abbildungen und 9 Tabellen 63 – DM

T4 **Menschen Arbeit Neue Technologien**
4 IAO-Arbeitstagung zusammen mit der 2 Internationalen Konferenz
„Human Factors in Manufacturing" ISBN 3-540-15763-8
1985, 442 Seiten mit zahlreichen Abbildungen 168,– DM

86 **Leitstandunterstutzte kurzfristige Fertigungssteuerung bei Einzel- und Kleinserienfertigung**
Von Lothar Aldinger ISBN 3-540-15903-7
1985, 151 Seiten mit 49 Abbildungen und 2 Tabellen 63,– DM

87 **Bestimmen des Burstenverhaltens anhand einer Einzelborste**
Von Klaus Przyklenk ISBN 3-540-15956-8
1985, 117 Seiten mit 74 Abbildungen 63,– DM

88 **Montage großvolumiger Produkte mit Industrierobotern**
Von Jörg Walther ISBN 3-540-16027-2
1985, 125 Seiten mit 58 Abbildungen 63,– DM

89 **Algorithmen und Verfahren zur Erstellung innerbetrieblicher Anordnungsplane**
Von Wilhelm Dangelmaier ISBN 3-540-16144-9
1986, 268 Seiten mit 79 Abbildungen 68,– DM

90 **Bewertung der Instandhaltung von Fertigungssystemen in der technischen Investitionsplanung**
Von Hagen U Uetz ISBN 3-540-16166-X
1986, 129 Seiten mit 38 Abbildungen 68,– DM

91 **Entgraten durch Hochdruckwasserstrahlen**
Von Manfred Schlatter ISBN 3-540-16172-4
1986, 167 Seiten mit 89 Abbildungen und 18 Tabellen 68,– DM

92 **Werkstuckorientierte Verfahrensauswahl zum Gußputzen mit Industrierobotern**
Von Wolfgang Sturz ISBN 3-540-16224-0
1986, 156 Seiten mit 59 Abbildungen 68,– DM

93 **Verfahren zur Verringerung von Modell-Mix-Verlusten in Fließmontagen**
Von Reinhard Koether ISBN 3-540-16499-5
1986, 175 Seiten mit 46 Abbildungen und 1 Tabelle 68,– DM

94 **Entwicklung und Einsatz eines interaktiven Verfahrens zur Leistungsabstimmung von Montagesystemen**
Von Gunter Schad ISBN 3-540-16978-4
1986, 120 Seiten mit 31 Abbildungen und 1 Tabelle 68 – DM

95 **Qualifizierung an Industrierobotern**
Von Wolfgang Bachl ISBN 3-540-17018-9
1986, 218 Seiten mit 30 Abbildungen 68,– DM

96 **Rechnersimulation des Beschichtungsprozesses beim Elektrotauchlackieren – Anwendung zum Berechnen des Umgriffs**
Von Otto Baumgärtner ISBN 3-540-17102-9
1986, 113 Seiten mit 42 Abbildungen 68,– DM

97 **Ergonomische Gestaltung von Rotationsstellteilen für grob- und sensomotorische Tätigkeiten**
Von Werner F Muntzinger ISBN 3-540-17247-5
1986, 135 Seiten mit 51 Abbildungen und 33 Tabellen 68,– DM

98 **Die optische Rauheitsmessung in der Qualitätstechnik**
Von R-J Ahlers ISBN 3-540-17242-4
1986, 133 Seiten mit 56 Abbildungen und 2 Tabellen 68,– DM

99 **Maschinelle Spracherkennung zur Verbesserung der Mensch-Maschine-Schnittstelle**
Von Gerhard Rigoll ISBN 3-540-17350-1
1986, 134 Seiten mit 55 Abbildungen 68,– DM

100 **Konzeption und Auswahl modularer Magazinpaletten**
Von Thomas Zipse ISBN 3-540-17584-9
1987, 126 Seiten mit 54 Abbildungen 68,– DM

101 **Anschlüsse an Kupferrohre – Herstellung und Automatisierungsmöglichkeit**
Von Eberhard Rauschnabel ISBN 3-540-17807-4
1987, 120 Seiten mit 88 Abbildungen 68,– DM

102 **Mengen- und ablauforientierte Kapazitätsplanung von Montagesystemen**
Von Hans Sauer ISBN 3-540-17815-5
1987, 156 Seiten mit 64 Abbildungen 68,– DM

103 **Verfahrensinstrumentarium zur Werkstückauswahl und Auslegung von Industrieroboterschweißsystemen**
Von Herbert Gzik ISBN 3-540-17928-3
1987, 138 Seiten mit 56 Abbildungen 68,– DM

104 **Integration von Förder- und Handhabungseinrichtungen**
Von Joachim Schuler ISBN 3-540-17955-0
1987, 153 Seiten mit 61 Abbildungen 68,– DM

105 **Produktionsmengen- und -terminplanung bei mehrstufiger Linienfertigung**
Von H Kuhnle ISBN 3-540-18038-9
1987, 124 Seiten mit 25 Abbildungen 68,– DM

106 **Untersuchung des Plasmaschneidens zum Gußputzen mit Industrierobotern**
Von Jong-Oh Park ISBN 3-540-18037-0
1987, 142 Seiten mit 70 Abbildungen 68,– DM

107 **Fügen von biegeschlaffen Steckkontakten mit Industrierobotern**
Von Daegab Gweon ISBN 3-540-18134-2
1987, 115 Seiten mit 13 Abbildungen 68,– DM

108 **Entwicklung eines biomechanischen Modells des Hand-Arm-Systems**
Von Georgios Tsotsis ISBN 3-540-18135-0
1987, 163 Seiten mit 45 Abbildungen 68,– DM

109 **Ein Beitrag zur Planungssystematik für die automatisierte flexible Blechteilefertigung**
Von Thomas Weber ISBN 3-540-18136-9
1987, 149 Seiten mit 56 Abbildungen 68,– DM

110 **Entwicklung eines Meßverfahrens zur Bestimmung des Positionier- und Orientierungsverhaltens von Industrierobotern**
Von Gunter Schiele ISBN 3-540-18137-7
1987, 116 Seiten mit 48 Abbildungen 68,– DM

111 **Schwingungsbelastung beim Arbeiten mit handgeführten, einachsigen Motormähgeräten**
Von Peter Kern ISBN 3-540-18193-8
1987, 145 Seiten mit 43 Abbildungen und 5 Tabellen 68,– DM

112 **Entwicklung eines berührungslosen Tastsystems für den Einsatz an Koordinatenmeßgeräten**
Von Hie-Sik Kim ISBN 3-540-18578-X
1987, 111 Seiten mit 62 Abbildungen und 4 Tabellen 68,– DM

113 **Qualifizierung an Industrierobotern – Ziele, Inhalte und Methoden**
Von Volker Korndörfer ISBN 3-540-18618-2
1987, 318 Seiten mit 100 Abbildungen 68,– DM

114 **Funktional und räumlich variables und modulares Laborgerätesystem**
Von Alfred Mack ISBN 3-540-18786-3
1988, 116 Seiten mit 39 Abbildungen 73,– DM

115 **Produktrecycling im Maschinenbau**
Von Rolf Steinhilper ISBN 3-540-18849-5
1988, 167 Seiten mit 50 Abbildungen 73,– DM

116 **Integration der montagegerechten Produktgestaltung in den Konstruktionsprozeß**
Von Rudolf Bäßler ISBN 3-540-19058-9
1988, 133 Seiten mit 49 Abbildungen 73,– DM

117 **Ein Algorithmus zur kapazitätsorientierten Bildung von Losen**
Von Tilmann Greiner ISBN 3-540-19300-6
1988, 135 Seiten mit 37 Abbildungen 73,– DM

118 **Kabelbaummontage mit Industrierobotern**
Von Gerd Schlaich ISBN 3-540-19301-4
1988, 131 Seiten mit 62 Abbildungen 73,– DM

119 **Beitrag zur Verbesserung der Fertigungskostentransparenz bei Großserienfertigung mit Produktvielfalt**
Von Albrecht Köhler ISBN 3-540-19393-6.
1988, 148 Seiten mit 72 Abbildungen 73,– DM

120 **Entwicklungs- und Planungshilfen zum Aufbau von flexiblen Ordnungssystemen**
Von Rainer Schanz ISBN 3-540-19394-4
1988, 104 Seiten mit 48 Abbildungen 73,– DM

121 **Bestücken von Leiterplatten mit Industrierobotern**
Von Ernst Wolf ISBN 3-540-50013-8
1988, 132 Seiten mit 63 Abbildungen 73,– DM

122 **Verschleißvorgänge beim Querschneiden dünner Bahnen**
Von Thomas Hulsmann ISBN 3-540-50049-9
1988, 126 Seiten mit 47 Abbildungen und 5 Tabellen 73, DM

123 **Geometrieprüfung in der Fertigungsmeßtechnik mit bildverarbeitenden Systemen**
Von Claus P Keferstein ISBN 3-540-50050-2.
1988, 128 Seiten mit 53 Abbildungen. 73,– DM

124 **Modulares Simulationsmodell für die Abläufe in verketteten Fertigungszellen mit Industrierobotern**
Von Kum-Hoan Kuk ISBN 3-540-50069-3
1988, 130 Seiten mit 57 Abbildungen 73,– DM

125 **Montage von Schläuchen mit Industrierobotern**
Von Bruno Frankenhauser ISBN 3-540-50072-3
1988, 139 Seiten mit 63 Abbildungen. 73,– DM

126 **Kommissioniersystem mit Roboter und Mehrstückgreifer**
Von Klaus Baumeister ISBN 3-540-50133-9
1988, 104 Seiten mit 53 Abbildungen. 73,– DM

127 **Sensorunterstütztes Programmierverfahren für das Entgraten mit Industrierobotern**
Von Dieter Boley ISBN 3-540-50175-4
1988, 128 Seiten mit 67 Abbildungen 73,– DM

128 **Die Arbeitsraumgestaltung manueller Montagearbeitsplätze mit graphischen und wissensbasierten Methoden**
Von Klaus Lay. ISBN 3-540-50259-9
1988, 129 Seiten mit 50 Abbildungen und 7 Tabellen 73,– DM

129 **Automatisierung des Biegerichtens**
Von Stefan Thiel. ISBN 3-540-50432-X
1988, 142 Seiten mit 57 Abbildungen und 5 Tabellen 73,– DM

130 **Rechnergestützte Verfahren zur Auslegung der Mechanik von Industrierobotern**
Von Martin-Christoph Wanner ISBN 3-540-50640-3
1989, 202 Seiten mit 80 Abbildungen 73,– DM

131 **Entwicklung eines bestandsorientierten Fertigungssteuerungssystems für die Großserienfertigung am Beispiel des Automobilbaus**
Von G Hachtel ISBN 3-540-50639-X
1989, 163 Seiten mit 34 Abbildungen und 6 Tabellen 73,– DM

132 **Ergonomische Gestaltung der Benutzerschnittstelle am Antriebssystem des Greifreifenrollstuhls**
Von Ludwig Traut. ISBN 3-540-50877-5
1989, 210 Seiten mit 127 Abbildungen 73,– DM

133 **Planung taktzeitoptimierter flexibler Montagestationen**
Von Joachim Schöninger ISBN 3-540-50896-1
1989, 122 Seiten mit 47 Abbildungen 73,– DM

134 **Ein Modell für ein integriertes Qualitäts- und Prüfplanungssystem in der Montage**
Von Josef R Kring. ISBN 3-540-51195-4.
1989, 140 Seiten mit 60 Abbildungen. 73,– DM

135 **Fertigungsstrukturierung auf der Basis von Teilefamilien**
Von Manfred Auch ISBN 3-540-51290-X.
1989, 138 Seiten mit 34 Abbildungen. 73,– DM

136 **Kollisionsbehandlung als Grundbaustein eines modularen Industrieroboter-Off-line-Programmiersystems**
Von Andreas Altenhein ISBN 3-540-51418-X
1989, 129 Seiten mit 53 Abbildungen 73,– DM

137 **Ein Beitrag zur Planung und Bewertung Neuer Arbeitsstrukturen in NE-Metallgießereien Dargestellt am Beispiel der Fertigungsinsel**
Von Horst Noopota ISBN 3-540-51419-8
1989, 157 Seiten mit 58 Abbildungen 73,– DM

138 **Verfahren zur Prüfung der Partikelkontamination in Versorgungssystemen für hochreine Flüssigkeiten**
Von Rolf Herz ISBN 3-540-51457-0
1989, 123 Seiten mit 61 Abbildungen 73,– DM

139 **Messung gekrümmter Flächen mit berührungslosen Verfahren**
Von Leo Schreiber ISBN 3-540-51493-7
1989, 119 Seiten mit 72 Abbildungen 73,– DM

140 **Automatisiertes Lackieren mit steuerbaren Spritzpistolen**
Von Konrad A Ortlieb ISBN 3-540-51518-6
1989, 121 Seiten mit 45 Abbildungen 73,– DM

141 **Grundlagen zur Entwicklung reinraumtauglicher Handhabungssysteme**
Von Jurgen Geißinger ISBN 3-540-51959-9
1989, 124 Seiten mit 82 Abbildungen 73,– DM

142 **CAD-Video-Somatographie**
Entwicklung und Bewertung einer Methode zur anthropometrischen Arbeitsgestaltung
Von Dieter Lorenz ISBN 3-540-52163-1
1989, 169 Seiten mit 61 Abbildungen 73,– DM

143 **Eine Systemarchitektur für die Gestaltung und das Management verteilter Informationssysteme**
Von Andreas J Ness ISBN 3-540-52224-7
1990, 203 Seiten mit 62 Abbildungen 78,– DM

144 **Untersuchungen über den optisch-physiologischen Eindruck der Oberflächenstruktur von Lackfilmen**
Von Horst Schene ISBN 3-540-52226-3
1990, 149 Seiten mit 106 Abbildungen 78,– DM

145 **Planungsmethodik für ein Qualitätskostensystem**
Von Alfred Rauba ISBN 3-540-52477-0
1990, 166 Seiten mit 73 Abbildungen 78,– DM

146 **Kleinserienbestückung von Leiterplatten mit bedrahteten Bauelementen durch Industrieroboter**
Von Martin Domm ISBN 3-540-52867-9
1990, 106 Seiten mit 48 Abbildungen 78,– DM

147 **Sensor- und Steuerungssystem für die leitlinienlose Führung automatischer Flurförderzeuge**
Von Gerhard Drunk ISBN 3-540-53033-9
1990, 135 Seiten mit 52 Abbildungen 78,– DM

148 **Ein System zur wissensbasierten Diagnose an CNC-Werkzeugmaschinen durch den Maschinenbediener**
Von Klaus-Peter Fahnrich ISBN 3-540-53034-7
1990, 132 Seiten mit 48 Abbildungen und 18 Tabellen 78,– DM

149 **Werkstückbegleitender Informationsspeicher als Basis für ein informationstechnisches Konzept für Halbleiterfertigungen**
Von Klaus-Dieter Sauter ISBN 3-540-53236-6
1990, 115 Seiten mit 55 Abbildungen 78,– DM

150 **Ein Planungsverfahren zur Erkennung und Bewältigung von Material- und Kapazitätsengpässen bei mehrstufiger Linienfertigung**
Von Ralf-Michael Fuchs ISBN 3-540-53271-4
1990, 176 Seiten mit 65 Abbildungen 78,– DM

151 **Montage von Schrauben mit Industrierobotern**
Von Gernot E Fischer ISBN 3-540-53519-5
1990, 97 Seiten mit 37 Abbildungen 78,– DM

152 **Flächenorientierte Termin- und Kapazitätsplanung bei innerbetrieblicher Baustellenfertigung**
Von Rolf Schlauch ISBN 3-540-53584-5
1990, 130 Seiten mit 53 Abbildungen 78,– DM

153 **Wissensbasierte Entscheidungsunterstützung bei der Auswahl von Industrierobotern**
Von Gunter Jordan ISBN 3-540-53744-9
1991, 116 Seiten mit 49 Abbildungen 78,– DM

154 **Simulationssystem für Fertigungsprozesse mit Stückgutcharakter**
Ein gegenstandsorientiertes System mit parametrisierter Netzwerkmodellierung
Von Bernd-Dietmar Becker ISBN 3-540-53847-X
1991, 162 Seiten mit 48 Abbildungen und 47 Tabellen 78,– DM

155 **Algorithmen der Sprachverarbeitung zur Entwicklung eines vollsynthetischen Sprachausgabesystems**
Von Gerhard Rigoll ISBN 3-540-53870-4
1991, 321 Seiten mit 235 Abbildungen 78,– DM

156 **Wissensbasierte CAD-Systemkomponente zum Entwurf montagegerechter Produkte**
Von Ralph Richter ISBN 3-540-54725-8
1991, 137 Seiten mit 56 Abbildungen 78,– DM

157 **Heftschweißverfahren für das Lagefixieren von Werkstücken beim Schutzgasschweißen mit Industrierobotern**
Von Carsten Martin Claussen ISBN 3-540-54951-X
1991, 140 Seiten mit 43 Abbildungen 78,– DM

158 **Ein Beitrag zur Meßdatenverarbeitung in der Koordinatenmeßtechnik**
Von Thomas Garbrecht ISBN 3-540-55030-5
1991, 135 Seiten mit 94 Abbildungen und 5 Tabellen 78,– DM

159 **Ein Beitrag zur Planung und Optimierung der Verfahrensteilung in der Fertigung**
Von Hans-Peter Roth ISBN 3-540-55113-1.
1992, 130 Seiten mit 50 Abbildungen 78,– DM

160 **Flexible Montage von Leitungssätzen mit Industrierobotern**
Von Herbert H Emmerich ISBN 3-540-55227-8
1992, 135 Seiten mit 70 Abbildungen 88,– DM

161 **Toleranzausgleichssysteme für Industrieroboter am Beispiel des feinwerktechnischen Bolzen-Loch-Problems**
Von Uwe Schweigert ISBN 3-540-55228-6
1992, 119 Seiten mit 61 Abbildungen 88,– DM

162 **Entwicklung eines interaktiven Simulators auf der Basis von Petri-Netzen zur Modellierung und Bewertung hybrider Montagestrukturen**
Von W Schweizer ISBN 3-540-55229-4
1992, 159 Seiten mit 76 Abbildungen 88,– DM

163 **Entwicklung eines Verfahrens zur rechnerunterstützten Gestaltung verteilter Informationssysteme**
Von Friedemann Reim ISBN 3-540-55269-3
1992, 151 Seiten mit 43 Abbildungen 88,– DM

164 **EDV-gestützte Planungs- und Entscheidungshilfen zur Auslegung von Produktionsstrukturen mit strukturkostenoptimierten Dezentralen Verantwortungsbereichen**
Von Ulrich Hallwachs ISBN 3-540-55477-7.
1992, 186 Seiten mit 66 Abbildungen. 88,– DM

165 **Strömungstechnische Auslegung reinraumtauglicher Fertigungseinrichtungen**
Von Elmar Degenhart ISBN 3-540-55478-5.
1992, 137 Seiten mit 72 Abbildungen. 88,– DM

166 **Synthese und Simulation dreidimensionaler Hand-Arm-Bewegungen an manuellen Montagearbeitsplätzen**
Von Raimund Menges ISBN 3-540-55752-0.
1992, 215 Seiten mit 70 Abbildungen. 88,– DM

167 **Bewertung inhomogener fraktaler Strukturen und Skalenanalyse von Texturen**
Von Uwe Müssigmann ISBN 3-540-55796-2
1992, 99 Seiten mit 43 Abbildungen 88,– DM

168 **Ein Informationssystem für Instandhaltungsleitstellen**
Von Wilfried Sihn ISBN 3-540-55853-5
1992, 167 Seiten mit 67 Abbildungen. 88,– DM

169 **Verfahren zum automatischen Palettieren von quaderförmigen Packstücken im beliebigen Sortenmix**
Von Walter Michael Strommer ISBN 3-540-55922-1.
1992, 105 Seiten mit 47 Abbildungen. 88,– DM

170 **Planung der Kinematik von Industrierobotersystemen zum Schutzgasschweißen im Schiffbau**
Von Wolfgang Utner ISBN 3-540-55923-X.
1992, 134 Seiten mit 31 Abbildungen und 3 Tabellen 88,– DM

171 **Montage von Pressverbindungen mit Industrierobotern**
Von Günther Würtz ISBN 3-540-56300-8
1992, 124 Seiten mit 55 Abbildungen 88,– DM

172 **Rationalisierungspotential der montagegerechten Produktgestaltung bei der Montage mit Industrierobotern**
Von Thomas Schmaus ISBN 3-540-56400-4
1992, 122 Seiten mit 55 Abbildungen. 88,– DM

Die Bände sind im Erscheinungsjahr und in den folgenden drei Kalenderjahren zu beziehen durch den örtlichen Buchhandel oder durch Lange & Springer, Otto-Suhr-Allee 26-28, 1000 Berlin 10.